佐藤 優
高 永喆

国家情報戦略

講談社+α《プラスアルファ》新書

まえがき——一四年前の電報

国家情報（インテリジェンス）は、政治、軍事、経済において大きな力を持つ。盗聴技術、偵察衛星などがいくら発達してもそれを運営するのは人である。また、盗聴されていることを意識している人はあえて事実と異なる話をして、情報を攪乱《かくらん》することがある。偵察衛星で独裁者の姿を写したとしても、その独裁者が頭の中で何を考えているかまではわからない。

したがって、情報の世界は、「人で始まり人で終わる」のである。

インテリジェンスに従事する政府の専門家を「インテリジェンス・オフィサー（情報将校）」と呼ぶ。戦前の日本軍にも情報将校という呼称があった。現在、主要国の非軍事情報部門で、ロシアの対外諜報庁（SVR）は軍隊形式をとっているが、アメリカの中央情報局（CIA）、イギリスの秘密情報部（SIS、いわゆるMI6）、イスラエルの諜報特務局（モサド）はいずれも文民組織だ。

それでも、ＣＩＡ、ＳＩＳ、モサドの機関員は、インテリジェンス・オフィサーと呼ばれる。他の公務員と異なり、いざとなった場合、軍人同様に国家のために命を投げ出す無限責任が職業上要請されるのでオフィサー（将校）という呼称が用いられているのだと筆者は考えている。

敵との戦いで命を落とすならば、インテリジェンス・オフィサーとして本望だ。しかし、往々にして、国内政争に巻き込まれてインテリジェンス・オフィサーが失脚することがある。

読者には御案内のことと思うが、筆者も鈴木《すずき》宗男《むねお》疑惑の渦の中で、二〇〇二年五月一四日、東京地方検察庁特別捜査部によって、二〇〇〇年四月にイスラエルのテルアビブ大学で開かれた国際学会に袴田茂樹《はかまだしげき》・青山学院大学教授、田中明彦《たなかあきひこ》・東京大学大学院教授（当時）、末次一郎《すえつぐいちろう》・安全保障問題研究会代表（故人、陸軍中野学校出身の政治・社会活動家）などを派遣した際の費用を外務省関係の国際機関「支援委員会」から支出したことが背任にあたるとして逮捕された。

この経緯と事件に対する筆者の認識については、『国家の罠　外務省のラスプーチンと呼ばれて』（新潮社）の中で詳しく述べたので、ここでは繰り返さないが、筆者がインテリジェンスに従事し、日露外交交渉、政治家と外務官僚の関係、外務省幹部の内情を知り過ぎてしまったことも罠に落ちた一要因である。インテリジェンスの専門家は、それ以外の人々からは常に嫌われる運命にあるのだ。

共著者の高永喆《コウヨンチョル》氏も逮捕、投獄歴がある。それも日本のスパイということで逮捕されたのだ。一九九三年六月二四日、高永喆氏はいつものように韓国国防省の九階にある海外情報部に出勤した。突然、電話で上司に呼び出されたので訪ねていくと、スパイ容疑で逮捕される。それも友好国である日本のスパイということだ。高永喆氏が、フジテレビのソウル支局長に軍事情報を提供し、さらにソウル支局長が在韓日本大使館の防衛駐在官（駐在武官）にこの情報を渡したことがスパイ容疑に問われたのである。

佐藤優

この事件が起きた当時、筆者は在モスクワ日本大使館政務班の二等書記官としてロシア内政の情報収集を担当していた。

一九九三年六月下旬にエリツィン大統領側と最高会議（国会）側の対立は非和解的段階に達していた。ルツコイ副大統領、ハズブラートフ最高会議議長など、ソ連共産全体主義体制を崩壊させる過程では、文字通り命を賭してエリツィンとともに戦った政治エリートたちが、共産党と手を握るという情勢が生じていた。

KGB（旧ソ連国家保安委員会）から分かれた国内を担当する保安省（MB、現在の連邦保安庁「FSB」）は、心情的に反エリツィンであるが、そのことが露見すると組織が叩き潰されるという懸念から、表面上は大統領側に忠誠を誓うような顔をしていた。

ロシアの要人や情報提供者との会食を終え、大使館に戻ってくるのはいつも午後一一時頃だ。しかし、六月のモスクワでは、午後一一時でもまだ外は薄明るく、日本の夕暮れ時のような雰囲気だ。そこで、ロシア人から得た情報を電報（公電）にまとめ、電信官に頼んで暗号に組み替えてもらい、東京の外務本省に向けて発電する。この仕事が終わるとだいたい日付が変わっている。そこで机の上に積み重ねられた書類束に目を通す。

当時、外務本省から送られてくる来電《らいでん》（大使館が受け取る電報の意味）は黄色い紙に印刷されていた。その中に韓国における日本絡みのスパイ事件が摘発されたという来電があったことを覚えている。「いったい何があったのか」という印象をもった。親しくするロシアの国会議員から、「友好国間のスパイ事件が表に出るのは相当珍しいことだ。日本は韓国で相当えげつないインテリジェンス活動をしているのではないか」と尋ねられたことを記憶している。

筆者は、「ロシアがウクライナやエストニアで行っているインテリジェンス活動と較べればたいしたことはないと思う」という返答をしておいた。それから一四年後に、この事件の当事者である高永喆氏と共著を出すことになるとは、当時、夢にも思っていなかった。筆者が二〇〇二年に逮捕されることがなければ、このような巡り合わせもなかったと思う。

戦後の日本には政治犯罪はないという建前になっているが、それは嘘だ。いつ、いかなる国においても、時の政権にとって都合がよくないので、整理される個人や組織が存在する。治安維持法のような政治犯を取り締まる法律のない現下日本では、政治犯罪を背任、横領、贈収賄のような経済犯罪、あるいは強要や脅迫などの一般犯罪に転換してしまうのだ。

しかし、この実態は一般国民になかなか見えない。筆者も「鬼の東京地検特捜部」に逮捕され、取り調べを三ヵ月以上受けるという経験をしなかったならば、このからくりに気づかなかったと思う。

　高永喆氏の事例も韓国版の国策捜査であったと筆者は認識している。軍事政権から文民政権へと転換する「時代のけじめ」をつける象徴的な事件を金泳三政権が必要としていたのである。

　そのためには韓国軍情報部を標的とする事件を作り出す必要があった。さらに、韓国ナショナリズムを活用するために、金泳三政権は日本に対して毅然とした態度をとっているという表象も必要だったのであろう。

　高永喆氏は、アメリカのNSAの厳しい身元調査を経て選ばれたSI（特別情報官）であった。韓国国防省には、常時、数人しかいない身分である。ターゲットとするにはうってつけの人物だったのであろう。

　当初、捜査当局は、高永喆氏を北朝鮮のスパイに仕立て上げようとしたようである。高永喆氏は三日間、徹夜の取り調べを受けるが、耐え抜く。

〈私の場合は、「篠原《しのはら》（昌人《まさと》、フジテレビ・ソウル支局長）は北朝鮮を訪問して当時の北朝鮮実力者である許錟氏と会っているから、北のスパイじゃないのか。その北のスパイ

高永喆（左）と佐藤優

に、高少佐は協力したのではないか」と疑われましたね。こちらのいい分はまったく無視され、結局、「なぜ篠原に協力したのか」とばかり追及され、私は「韓国国防長官と繋がりのある篠原さんに中佐への昇進をお願いするため、篠原さんに協力した」といわされてしまったのです。

私が北のスパイでないことや、賄賂《わいろ》などもらったことなどないという事実を納得させるためには、それがいちばん説得力のある答えだと思ったのです。

また、当時もっとも怖れていたのは、何の証拠もないのに北のスパイに仕立て上げられることでした。というのも、北のスパイを捕らえた人間には、一億ウォンの賞金と昇進が保証されていたからです。そんな状況だったので、裁判期間中にも六ヵ月以上にわたって捜査が継続されました〉（本書31頁）

この種の政治事件は、必ず有罪にするということで結論は決まっているのだ。したがって、あくまで無実、無罪であると主張し続けると、捜査当局は、「それならば徹底的に話を創り上げてやる」という気持ちになって、とんでもない冤罪《えんざい》を被せてくる。昇進を動機として、日本人記者に協力したというストーリーは、所与の条件下で高永喆氏が被る打撃を極小にしたといってよいと思う。自分の身を守るためにも高永喆氏はインテリジェンスの知識と技法を最大限に活用している。ポイントは日本人記者からのカネの授受を認めなかったことだ。

〈これは政治事件を体験したことがある人にしかわからないと思います。捜査の焦点は「私が篠原さんからお金をもらったのかどうか」でした。そして、私が北朝鮮に繋がるスパイではないかという容疑になったわけですが、この点については多少泥臭い話もあります。というのも、中佐昇進をめぐって私に強いライバル意識を持っていた同僚がいて、彼が「高少佐は北朝鮮のスパイだ」と告発したようなのです。このように韓国では、ライバル同士が相手を北のスパイだと告発することがよくあるのです〉（本書32頁）

このような足の引っぱり合いは韓国の専売特許ではない。日本でもよくあることだ。日本の場合、カネの授受を認めると、そこからスパイ事件や情報漏洩事件ではなく、贈収賄事件が作られていくのが定石であるが、この辺は日韓の文化の違いなのだろう。

本書がインテリジェンスに関する基本知識を身につけるうえで有益であることは論をまたないが、高永喆氏が遭遇した物語も、御本人には申し訳ないが、じつに面白いのである。特に友好国間のインテリジェンス協力、さらに政治とインテリジェンスの関係について、高永喆氏の発言には有益な示唆がたくさんある。

高永喆氏は、日本人記者に情報を提供することが、日本の対韓国認識を深め、結果として韓国の国益も増進すると考えた韓国の愛国者でもある。運命に翻弄《ほんろう》された日本の友人である高永喆氏を私たちはもっと大切にしなくてはならない。

二〇〇七年七月

佐藤《さとう》　優《まさる》

目次◉国家情報戦略

第三章　友好国とのインテリジェンス協力

第四章　日本人の情報DNA――陸軍中野学校の驚異

第五章　北朝鮮はどうなる

第一章　フジテレビ秘密情報漏洩事件

韓国軍の軍事機密

佐藤　僕は、高《こう》さんの著書『北朝鮮特殊部隊　白頭山《ペクトサン》3号作戦』に解説を書かせていただきましたが、じつは、出版社からの当初の依頼は「帯に推薦の一文を書いてほしい」というものだったんです。僕もそのつもりで本を読ませていただいたのですが、これがものすごくおもしろかった。だから、僕のほうから解説を書かせてほしいとお願いしたんですね。

高　本当にありがとうございました。佐藤《さとう》さんのおかげで、本もたくさん売れています（笑）。

佐藤　北朝鮮に関する情報が興味深かったことに加え、私は高さんが巻き込まれた日本がらみのスパイ事件に強い関心を持ちました。高さんは本のなかでも触れていますが、一九九三年六月二四日――この日にたいへんな目に遭われましたね。ことの顚末《てんまつ》をあらためてお聞かせください。

高　その日の午前九時、海軍将校だった私は、いつものようにソウルにある韓国国防省の九階にある海外情報部に出勤して、担当している日本デスクという部署にある自分の椅子に座りました。すると、上官から突然電話で呼び出され、部屋に入るといきなりスパイ容疑で逮捕されたのです。

佐藤　それはどんな容疑だったのですか。

高　軍の機密を、篠原昌人《しのはらまさと》さんという日本のフジテレビ・ソウル支局長に漏洩したという容疑でした。たしかに篠原さんと情報交換していたのは事実ですが、私は軍の上層部にきちんと報告していましたし、篠原さんに悪意があったとも思えません。もちろん、私にも後ろめたいことはありませんし、まったくの濡れ衣《ぎぬ》なのです。しかし、捜査当局はそうは見ませんでした。

　結局、私が提供した資料のなかに含まれていた韓国軍の軍事機密を、篠原さんが日本の軍事研究誌にそのまま掲載したという点が問題視されてしまいました。

佐藤　篠原さんは、高さんが提供した情報を基に市販される雑誌に論文を掲載するということを事前に伝えましたか。

高　いいえ。聞いていません。篠原さんは私から得た情報については、報道の参考にするにとどめ、直接公表することなどないと思っていました。国家情報院の前身である安全企画部は、その件をある政治問題にからめて、私を逮捕したということになります。

また、篠原さんは在韓日本大使館の駐在武官である福山隆一《ふくやまたかし》等陸佐に私が提供した資料を渡していましたが、これが重要な国家機密の漏洩とみなされ、その後、軍事裁判で禁固四年の実刑をいい渡されたわけです。

「協力諜報」とは何か

佐藤　福山さんとの関係はとても重要なポイントです。篠原さんは民間人ですが、福山さんは日本政府の人だからです。高さんをめぐる事件は、友好国とのインテリジェンス協力にまつわる話になります。そもそも高さんは、日本という韓国の友好国との関係を強化したわけですから、褒《ほ》められこそすれ罰せられるいわれはないはずですね。じつは、私も福山さんとは、現役外交官時代、ある研究会で何度かお会いしたことがあるのですが、戦略立案能力の高い有能な自衛官です。高さんは福山さんをご存知ですか。

高　はい。一度お会いしたことがあります。釈放されてから会ったこのときは、「高さんは日本と韓国の情報分野での交流に尽力されたのに、政治の犠牲になってしまった」と思いやってくださいました。三ツ星でリタイアした福山氏は現在、ハーバード大学でエズラ・ボーゲル教授と日米関係の共同研究に尽力しています。文武兼備の人柄で、義理人情を大切にする人です。

佐藤　情報の世界には「コレクティブ・インテリジェンス（コリント）」という言葉があります。「協力諜報」ですね。要するに、同じ価値観を持つ友好国同士がインテリジェンスの分野で協力することです。協力することによって、おたがいがプラスになりますからね。しかし、コリントに従事する情報担当官が政治的な思惑で捕まってしまうのでは、やってられませんよ。

高　日本と韓国の両国は、北朝鮮のほか、ロシアや中国に関する情報交換、意見交換をしています。そして現在、日本と韓国の間では、軍事情報の交流会議が定例化されているはずです。当時の私も、そうした流れのなかで動いていたのです。ところが、政権が変わるやいなや、「日本に韓国の軍事情報が漏れている」といわれてしまいました……。

金泳三

佐藤　韓国のなかにある反日的な感情を利用すると同時に、「反軍部」という感情も使って、文民大統領の金泳三《キムヨンサム》が、自らの権力基盤を強化しようとしたわけですね。

高　そのとおりですね。

佐藤　話を戻せば、篠原さんが高さんに接近してきたのは、悪い意図を持っていたということではなく、韓国の事情について真実を知りたかったからなのですね。ちょっとうがった見方かもしれませんが、篠原さんが後ろで日本の大使館と手を握っていたということはありませんんか。

高　私の知るかぎり、篠原さんが日本の国家権力に動かされていたということはありませんでしたし、いまもそう確信しています。彼は、フジテレビのソウル支局長というポストの人間というより朝鮮半島問題の専門家で、韓国、北朝鮮の情勢をよく知る立派なジャーナリストでした。

佐藤　高さんが篠原さんと付き合うことになったきっかけは何だったのですか。

高　日本で育った私の弟の紹介で知り合いました。篠原さんをよく知る弟から、朝鮮半島問題の専門家として研究資料を提供してくれないかということで初めてお会いして、「おたがいに情報交換をしていきましょう」ということになり、付き合いが始まったのです。したがって、篠原さんからは私にも貴重な情報がもたらされたので、韓国の国益にかなっていました。しかし、検察官は「国家機密の漏洩」だけに論点を絞り、篠原さんから私がもらった情報は完全に無視されました。

佐藤　ひどい話ですね。もっとも、私も国策捜査の体験があるのでよくわかりますが、政治事件というのはどの国でも似たところがあります。

「軍部バッシング」の嵐

佐藤　当時の金泳三政権としては、事件をつくることで何を狙っていたのでしょうか。

高　背景にあったのは、軍の情報機関と政府の安全企画部との間に深い溝があったという事実です。朴正熙《パクチョンヒ》、全斗煥《チョンドウファン》、盧泰愚《ノテウ》と三代続いた軍事政権時代、政府の情報機関である安全企画部は、軍の情報機関に牛耳《ぎゅうじ》られてきました。長年のそうした歪《ゆが》んだ関係は、安全企画部のなかに抜き差しならない劣等感を植え付けていたのです。そして、その劣等感に火を付けたのが、金泳三政権の誕生でした。

文民政権である金泳三政権になると、安全企画部は露骨な「軍部バッシング」を始めました。しかも、金泳三大統領自身にも軍部に対する劣等感と嫌悪感があって、政治的に軍部を牽制する必要性も加わり、バッシングはエスカレートしていったわけです。

一方で、軍事政権から文民政権へと移ったことは、軍部に不満を燻《くすぶ》らせる結果になりました。軍部の不満を察知した金大統領は、将来起こりうる軍部の抵抗や反発が、政権の政治基盤を脅かしかねないと危惧したのですね。さらに、軍隊経験のない金大統領に「文民出身の大統領」という弱いイメージがあったことから、政治的に軍を掌握しているのだという印象を国民にアピールする必要がありました。

加えて、軍事政権によって、三〇年以上にわたり政治的に蚊帳《かや》の外に置かれていた金大統領には、過去の軍事政権に対する強烈な報復願望があったのです。この金大統領の願望と安全企画部の怨念が、「軍部の粛清」という形になって表れたわけです。

佐藤　当時の状況を思い出したときに、いちばん印象的だったのはどんなことですか。

高　驚いたのは、まだかなり任期が残っていた陸軍参謀総長の首をいきなりすげ替えたことですね。また、海軍参謀総長を更迭して、慣例を無視し、「三ツ星」の中将を後任にしたりしました。

その後は、将校クラスに対して凄まじい粛清の嵐が吹き荒れましたが、演出された政治ショーの締めくくりは、現役の少将を逮捕して軍拘置所に収監するという前例のない「サプライズ」でした。

当時、私が拘束されたのは国防省憲兵隊の拘置所で、国防省の裏にあるヨーロッパ式の古い建物でした。部屋は四つに分かれていて、一つの部屋は三〇坪くらいあったでしょうか。将校たちは全員同じ部屋に入れられていたので、日が経つにつれてその数は増えました。そして最後には、現役少将をはじめ、大佐、中佐、少佐クラスを含めて一五名の将校が同じ部屋で寝起きすることになりました。

こんなことは前代未聞でした。旧日本軍であろうがアメリカ軍であろうが、どんな軍隊組織でも、大尉より上の少佐、中佐、大佐といった階級は、一般兵士から見れば雲の上の

全斗煥

存在です。しかし、軍隊経験のない金泳三大統領は、現役の少将まで拘束した。これで軍隊固有の位階秩序は完全に崩れました。さらに、軍出身の元大統領二人を逮捕して刑務所に入れましたが、これはあきらかに政治的な報復です。

その後、経済音痴だった金泳三は、歴代大統領が築いた韓国経済を破綻させて国民生活

盧泰愚

をメチャクチャにしてしまった。自殺者が続出するような状態にまで落ち込んだ経済が回復するのは、鋭い経済感覚とリーダーシップを持った金大中《キムデジュン》が大統領となる日まで待たなければならなかったのです。

金大中は北朝鮮に傾いている左翼だという声もありますが、野党指導者として、自分の野望を叶えるための政治的なカードとして、北朝鮮という後ろ盾《だて》をつくって利用したのだと思います。反骨精神の強い国民感情を刺激しながら、抵抗勢力を煽動《せんどう》して大統領の夢を叶えた金大中は、政治手腕に長《た》けた反骨政治人です。

さらに、独特の経済感覚を生かして、金泳三が崩壊させた韓国経済を立て直した功績もあります。国民全体が一丸となって、ゴールドの指輪を売却までして、崩れた経済を回復させた金大中のリーダーシップは高く評価されなければなりません。

佐藤　よくわかります。

北のスパイに仕立て上げられて

佐藤　ところで高さんは何年勾留《こうりゅう》されたのでしょうか。

高　勾留期間は一九九三年六月二五日から九四年五月までの一一ヵ月でした。

佐藤　その後、実刑をいい渡されたのですね。

高　はい。軍法会議で禁固四年の実刑を受けた一ヵ月後に軍刑務所に移送され、三年間の受刑生活を送ることになりました。

佐藤　本当にかわいそうだ。たいへんな思いをされたわけですね。私の場合、勾留期間は高さんより少し長く、一年五ヵ月でしたが、その後、保釈になり、判決も二年六ヵ月の懲役です。二審は私の控訴を棄却しましたが、一審で執行猶予がつき、検察が控訴しなかったので、刑務所には行かないで済みます。ところで、取り調べは厳しかったですか。

高　捜査当局に連行された日は、階級もない軍服に着替えさせられ、顔写真を撮られました。そして、取り調べはその日の夜から始まりました。三人の捜査官による「三交替・二四時間」という無茶苦茶な尋問が連日続き、徹夜が三日間続いたところで力尽きました。体力の限界を超えていたのです。

佐藤　殴られましたか。

高　私は将校だったので、殴られることはありませんでした。捜査チームのリーダーは面識のある現役の少佐でしたが、彼はほとんど顔を出さず、下士官である捜査官が尋問してまとめたものを安全企画部に報告するだけでした。しかも、捜査途中で捜査官が安全企画部に電話で中間報告をすると、毎回のように私の自白をとるよう求められているのがわかりました。どうしても私を犯人にしたかったのです。

捜査官は私と同じ軍人だったので、比較的に丁寧な敬語を使っていましたが、軍部粛清の一環として、私を北朝鮮のスパイにするか、もしくは篠原さんから金を受け取ったという収賄事件にしたかったようです。このようにして、安全企画部が軍部粛清のために軍の捜査当局に強い圧力を掛けているのがヒシヒシと伝わってきました。

佐藤　政治捜査というのはそういうものなのですね。私も五年前に捕まりましたが、その当時、私は、外務省の国際情報局長や欧州局長にいわれて、外務省がつかんだ情報を、自民党の衆院議員だった鈴木宗男さんのところに届けていました。あるいは、鈴木さんの元を訪れるロシアやイスラエルのお客さんの通訳をしたりしていたのです。すると、「佐藤は金をもらった見返りに、鈴木に情報や便宜を提供していたんじゃないか」という方向で調べてくるわけです。

高　私の場合は、「篠原は北朝鮮を訪問して当時の北朝鮮実力者である許錟氏と会っているから、北のスパイじゃないのか。その北のスパイに、高少佐は協力したのではないか」と疑われましたね。こちらのいい分はまったく無視され、結局、「なぜ篠原に協力したのか」とばかり追及され、私は「韓国国防長官と繋がりのある篠原さんに中佐への昇進をお願いするため、篠原さんに協力した」といわされてしまったのです。

私が北のスパイでないことや、賄賂などもらったことなどないという事実を納得させるためには、それがいちばん説得力のある答えだと思ったのです。

また、当時もっとも怖れていたのは、何の証拠もないのに北のスパイに仕立て上げられることでした。というのも、北のスパイを捕らえた人間には、一億ウォンの賞金と昇進が保証されていたからです。そんな状況だったので、裁判期間中にも六ヵ月以上にわたって捜査が継続されました。

佐藤　犯罪をつくるときのやり方としては、「金をもらってたんじゃないか」という筋書きが、いちばん手っ取り早いんですね。高さんに対する捜査の目的も、とにかく有罪にしてやれという方向で、どうしても北のスパイに仕立て上げるということではなかったのでしょう。もし当局が本気で高さんをスパイに仕立て上げようとすれば、それは可能だったと思います。そして、ああした捜査は、一度捕まってしまったらどんなに説明してもダメなんです。同じことを何度いっても、こちらの話などまったく聞こうとしません。

高 おっしゃるとおりです。これは政治事件を体験したことがある人にしかわからないと思います。捜査の焦点は「私が篠原さんからお金をもらったのかどうか」でした。そして、私が北朝鮮に繋がるスパイではないかという容疑になったわけですが、この点については多少泥臭い話もあります。というのも、中佐昇進をめぐって私に強いライバル意識を持っていた同僚がいて、彼が「高少佐は北朝鮮のスパイだ」と告発したようなのです。このように韓国では、ライバル同士が相手を北のスパイだと告発することがよくあるのです。

また、当時の韓国では、「日本から来た在日韓国人」や「日本との繋がりがある人」も北朝鮮のスパイである可能性があるとされていたことも影響していたと思います。事実、私もかつて、部隊のある基地の近くで食堂を経営する住民から、「あの店のオーナーは北朝鮮のスパイだ」という通報を受けたことがあります。後でわかったことですが、その住民はライバル店を追い落とすために嘘の告発をしたのですね。

三日間徹夜の取り調べ

高　話が逸れましたが、取り調べのなかで検察官に「私は絶対に金なんてもらっていない」といっても、「金をもらったから篠原に機密を流したのだろう」の一点張りで、話にもなりませんでした。

佐藤　こっちの主張については調書に書いてくれませんものね。僕も経験者なのでよくわかります（笑）。しかし、高さんがあんまり頑張ると、検察官は殴ってでも思いどおりの調書を取ろうとする誘惑にかられるのでは。

高　さっきも述べたように殴られはしませんでしたね。一応、将校でしたから、殴る蹴るまではできなかったのでしょう。ただ、先ほど申し上げたように、当初は三日間も徹夜で取り調べが行われたので、まったく眠ることができませんでした。

佐藤　ひどいですね。日本の検察官も、人によっては、怒鳴ったり、「壁に向いて立っていろ」と命令することもあるそうです。でも、僕も一回だけ、逮捕された週の土曜日の夜に、脅しあげられたことがあります。こちらが「ムッ」とした反応をしたら、その次の回からは紳士的な対応に戻りましたけどね。高さんは当時、弁護士とは会えましたか。

高　最初は会えませんでした。

佐藤　日本の場合、弁護士と会えるのは、拘置所に入れられると月曜日から金曜日の勤務時間中なんです。ですから、金曜日の午後五時から月曜日の午前九時までは、弁護士に会えないということになります。そこを検察官は狙って、厳しい取り調べを週末にやるんですね。誰とも相談できないようなときを見計らって、一気に自供させようとするわけです。

僕の場合は、金曜日の夜に取調室に入っていったら、部屋のなかが真っ暗になっていたということがありました。一二畳くらいの部屋のなかに、ノート型パソコンの液晶画面とデスクライトの電気だけがついている。そんななかで取り調べが始まって、しばらくするとパソコンを打っていた検事が急に怒鳴りあげたりするんです。とっても嫌な感じがして、「ふざけるな」と思いましたね。

高　でも、弁護士と会えても意味はなかったですね。弁護士という存在は、自分の弱い立場を判事と検察側に対して説明してくれる人だと思っていたのですが、現実はぜんぜん違っていたからです。むしろ検察と捜査当局の手先のようなもので、文字どおり悪徳弁護士でした。でも、それは私が選任した弁護士だけでなく、他の収監者が選任した弁護士も同じようなものだったと後になって知りました。

佐藤　日本でもヤメ検（検察官出身）の悪徳弁護士に引っかかるとそういうことになります。私の場合は、非常に有能で腹の据わった弁護士を三人つけたので、この人たちのアドバイスがとても役に立ちました。

「檻」の住み心地

佐藤　ところで、高さんの軍刑務所の「檻」の住み心地はいかがでしたか。

高　部屋の広さは一〇坪くらいでしょうか。廊下の入口に監視カメラがあって、ビデオテープが回っている部屋に二人で収監されました。そういえば、あるとき同室になった陸軍中尉が、とんだハプニングを起こしたことがありましたね。それは、恋人が面会に来たときにもらった「餅」を部屋に持ち返って、そのことがバレてしまったという話なんです。もちろん彼は、規則違反で二ヵ月の禁足処分を受けました。

刑務所の部屋には、ほかに敷布団とトイレがあるだけですね。刑務所内には、風呂の施設や医務室がありましたが、おもしろいのは自動車整備教習所があることですね。希望者は、ここで教育を受けて、整備士資格を取ることができます。

楽しみといえば、運動場でジョギングやウォーキングをすることでした。毎日、朝と午後に一時間ほどの運動時間がありました。そして、月一回、棟別のチームに分かれてサッカーのゲームをしていましたね。ほかには、所内の農園で営農作業や草取り作業をする時間もありましたが、これらが自由時間だといえば自由時間でした。

一般の刑務所とちがうのは、将校だけを収容する特殊棟があることですね。そこには一般兵士の収監者たちも一部収容されて、食事の用意や食器洗いなどをして、将校たちの面倒をみてくれました。

佐藤 日本よりずっといいですね（笑）。日本は明治時代にできた監獄法（現在は、刑事施設及び受刑者の処遇等に関する法律に改正）に基づいているので、ベッドもないし椅子もない。畳の上に座るんですね。それで、同じ場所から動いてはいけないという規則があるので、みんなジッとしています。一五分間隔で看守が見回りに来るし、録音もしている。トイレなんて、周りから丸見えだから、用をたすたびに、ついたてで隠したりするんですよ（笑）。食事はどんなものが出ましたか。

高 韓国軍の一般部隊とまったく同じメニューでした。キムチと味噌汁のわかめスープ、牛乳とヤクルトは毎日の基本メニューで、ほかに三品のおかずとして、肉料理と魚、野菜ナムルなどですね。カロリー的には欧米先進国に比べて遜色のない水準だったと思いますよ。

佐藤　日本より韓国のほうが、よほどアメリカナイズされているようですね（笑）。

高　アメリカナイズといえば、将校たちは、アメリカ流の人権感覚で、刑務所内での待遇の改善を求めたりして、ずいぶん目をつけられました。刑務所に収監された将校・兵士のほとんどは、戦闘部隊の一線で任務を遂行しているうちに、やむをえず、事故や事件に巻き込まれた人間が多かったのです。

にもかかわらず、軍刑務所側は捕虜のように扱い、およそ人間らしく接していませんでした。そこで私は、現役の大佐である刑務所長に、「ここの収監者たちは敵の捕虜でもないし、ここは捕虜収容所でもない。ある程度の自由を保障してほしい」「戦争捕虜収容所でも基本的な自治と自由が保障されたはずだ」と強く求めたのです。

その結果、所長も私のいい分を理解してくれて、自由活動を大幅に見直してくれました。とくに、読書時間と運動時間が増えたのがうれしかったですね。しかし、ある程度の自由が手に入ると、収監者と監視の憲兵との間に口争いやトラブルが頻発しました。当然のことですが、そんなときは私たち将校出身者がいつも兵士の収監者をかばう立場でしたから、刑務所側からはずいぶん嫌われたものです。

佐藤 ある程度の自由といっても、厳しい監視を受ける身ですからね。精神的にはかなりきつかったのではありませんか。

高 それは口には出せないほどでした。とくにつらかったのは、家族の様子がわからなかったことです。家族との面会は月に一回だけでしたから、詳しい状況が伝わってこなかったのです。事実、父親などは私が「裏切り者」とか「日本のスパイ」だといわれていたことが気になって、一度も面会に来ませんでした。

そのほかにも、つらいことは毎日ありました。というのも、私は「名誉がすべて」と教えられてきた軍の幹部なので、かぎられた部分で将校としての待遇を受けることができたとはいえ、刑務所での生活自体が屈辱の連続だったのです。特殊な環境での厳しい監視や行動を制限されることは、人生観が一変するほどの痛みを伴いました。しかし、「すべては心構えが左右する」という言葉を胸に耐えることに決めました。前向きにならないと、気持ちが折れてしまいますからね。

刑務所で知った瀬島龍三の業績

高　そんな刑務所暮らしのなかで、体を動かすことや食べること以外の生きがいは、本を読むことでした。豊かな知識と鋭い知恵を持つ金大中前大統領も、軍刑務所を含めた過去の長い拘束生活のなかで、「読書が知識と知恵の肥やしとなった」といっています。私も、時間が経つにつれて、自分の置かれた環境に順応できるようになっていきました。そして、そんなときに夢と希望を与えてくれたのが、山崎豊子さんの小説『不毛地帯』でした。

佐藤　瀬島龍三《せじまりゅうぞう》さんをモデルにした作品ですね。

高　そうです。元日本軍中佐として満州の関東軍の作戦参謀だった瀬島さんは、終戦時にソ連軍に捕まり、捕虜収容所で一一年もの間、過酷な抑留生活を強いられました。その期間と過酷さに比べたら、私の刑務所暮らし

瀬島龍三

などものの数ではありませんし、そう考えることが私の励みにもなりました。

そもそも、瀬島さんは韓国経済の恩人なんですね。朝鮮戦争で壊滅状態にあった韓国経済は、一九六五年に朴正煕大統領が行った経済開発政策によって息を吹き返すことができましたが、これは瀬島さんのアドバイスと支援があったからです。戦時中、関東軍の一員だった朴大統領は、なにかにつけて、軍隊の先輩である瀬島さんに相談していたということです。

韓国経済が大きく成長する牽引車となった高速道路や地下鉄などの建設や、浦項製鉄の設立、さらには、造船や自動車といった基幹産業が育ったのは、日本の技術と資本協力のおかげだったし、それを可能にしてくれたのが瀬島さんなんです。また、「一国が飛躍的な経済成長を実現するためには、万国博覧会やオリンピックなどの国際イベントを開催することだ」という瀬島さんのアドバイスによって、一九八六年にはアジア大会が、一九八八年にはソウルオリンピックがそれぞれ開かれ、韓国は先進国の仲間入りを果たすことができました。

瀬島さんは、日本で「昭和の参謀」と呼ばれていますが、韓国にとっても信頼できる名参謀だったのです。

私は現在、瀬島さんが会長を務める「日本戦略研究フォーラム」の客員研究員として名を連ねていますが、このことをたいへん誇りに思っています。韓国人はよく、「恨《ハン》」の民族だといわれますが、受けた「恩」も決して忘れはしません。公の場では大声で口にはしないものの、現在の韓国の繁栄が日本の助言と協力によってもたらされたことを、多くの韓国人は認めているし、感謝しているのです。

佐藤　高さんからその言葉を聞くと、日本人として、本当にうれしいです。私たちは、日本がらみのスパイ事件に巻き込まれた日本の友人である高さんを、もっともっと大切にしなくてはならないと思います。

第二章　韓国と日本のインテリジェンス

国防省海外情報部の任務

佐藤　最近日本でも、インテリジェンスに関する話題がとても多くなりました。しかし、本当にその世界でプロとしてやっていた人の話というのは意外なほど少ないのですね。書物に書かれたことの紹介か、ジャーナリストや学者の話がほとんどといっていい。ですから、高さんが発言するのは、じつに貴重なことだと思っています。そこで、高さんのプロフィールを簡単に教えてもらえますか。

高　私は一九五三年、韓国の全羅南道で生まれました。まず、私が軍隊に憧れるようになった直接のきっかけは、小学生だった一九六一年に起こった軍事クーデターです。このクーデターは、政治の不正や腐敗と貧しい生活に不満を持った朴正熙少将を中心とした軍部の正義派によるものでした。腐敗した政治家とカンペ組織と呼ばれるヤクザ、そして、無能な官僚たちを処罰する軍隊を見て、「軍隊というのはなんてすばらしいものなんだ」と素直に感動したのです。

同時に、当時、全羅南道の光州にあった陸軍三一師団の大隊長だった父親の存在も大きかった。ある日のこと、部下と一緒に軍用ジープ車で故郷を訪れた父が、拳銃で鶏を射撃している姿を見て軍人に対する憧れを強くしました。また、故郷の管轄警察署長や村長、小学校の校長が、父を表敬訪問して挨拶している姿を見たときには、「本当に軍人は偉いものだな」と感心したものです。

佐藤　そうしますと、大学を卒業して軍隊に入ったわけですね。

高　はい、奨学生として入った韓国の朝鮮大学校を卒業しました。在学中はご縁があった地元の有志から、特別奨学金に加え生活費までもらいました。専攻は文学部でしたが、大学新聞の記者をしながら法学部や政治学部を転々としたので、成績はめちゃめちゃでした。そこから海軍士官学校に進み、一九七五年に海軍少尉に任官しました。その後、大尉のときに海軍大学の高等軍事教育課程を修了し、少佐に昇進して間もなく、入学試験の厳しさで鳴る「指揮参謀課程」にパスしました。

朴正熙

この指揮参謀課程は、いわば出世が保証された海軍大学の正規課程です。中佐クラスの先輩たちと作戦や戦術を徹夜で勉強する厳しいコースでした。ちょっと自慢話になりますが、当時、徹夜して頑張った卒業論文が優秀論文として「海洋戦略」という論文集に掲載されたんですよ。

その後、退官するまでの一八年間、戦闘部隊や特殊部隊などのほか、海軍特殊部隊の基地長を務めていました。また、韓国国防省海外情報部に移ってからは、北朝鮮情報の収集と分析をしていましたが、日本デスクで日本を担当したこともあります。

カミカゼを賞賛した父

佐藤　かつての韓国では、日本に対して、きわめて批判的な教育がなされていましたね。高さん自身、日本に対するイメージはどのようなものだったのでしょうか。お父さんを通じて、何か特別なものがありましたか。

高　戦前に軍隊に入った父の世代の韓国人は、日本に対してとても懐かしい思い出を持っています。ですから、自分たちの子どもには、韓日併合時代の日本人がいかにすばらしい大和魂を持っていたかとか、小さい島国なのにロシアと戦争して勝利したというような話をよくしていました。

また、「軍事大国のアメリカと直接戦争した国は、世界中で日本しかないんだ」という話も、何度も聞かされました。「神風特攻隊は世界の戦争の歴史のなかでも類のない軍人精神の表れだ」と話す父の顔を、いまも忘れることができません。

佐藤　逆に、現在の韓国の人たち、とくに韓国の軍人たちは、命を賭けて自分の国家と民族のために仕事をしますから、日本人が学ぶべきところも多いと思います。

高　それから韓国の軍隊組織は、日本の軍隊出身者たちによってつくられたといっていいですね。事実、設立当初の韓国の国軍のメンバーは、ほとんどが日本の軍隊出身者でした。だから、日本軍の伝統というか、その流れがあるわけです。加えて、アメリカ軍が駐屯してからは、アメリカ軍の精神がプラスされました。

佐藤　とくに、高さんのお父上は、まだ日韓国交が正常化する前、大使館ができる前に、日本の韓国代表部に勤務しておられたと承知しています。韓国の本当のエリートという意味で、高さんのお父上は、日本との難しい関係の中で交渉に当たられた方なのですね。

高　当時はいわば軍部のエリートグループが韓国を建て直す時期だったのです。意思決定過程で、議論より行動を優先する軍隊特有の推進力と不正を嫌う正義感が、国家発展の原動力に繋がったといえるでしょう。現在も、韓国社会では、軍隊幹部出身者は純朴で推進力を持っていると高く評価されています。

「基本戦闘兵科将校」の宿命

佐藤 ところで、高さんの高校は軍隊関係の学校ですか。

高 いえ、普通の高校です。

佐藤 ではなぜ、大学を卒業したあと、海軍に入ったのですか。

高 父は陸軍の将校でしたから、いつも私に「陸軍将校になってほしい」といっていました。でも、私は先輩たちの白い海軍のユニフォームに憧れていて……。じつは、そんな理由で海軍将校を志願したんです（笑）。

佐藤 海軍の訓練はどうだったのですか。厳しかったですか。

高 それはもう、たいへん厳しかったですね。陸軍が真似できないくらい厳しかったと思いますが、それは海兵隊と一緒に訓練をするからなんです。韓国海軍も当初は日本帝国海軍出身者が多かったので規律が厳しいという伝統を持っています。組織上、海兵隊は海軍所属になっていますが、旧日本帝国海軍陸戦隊の規律とアメリカ海兵隊の伝統がプラスされて、韓国軍のなかでも最強の部隊なのです。

また、専門職である軍医科や補給・経理科、輸送・通信科など専門兵科は、人事異動がほとんどありません。しかし、部隊の責任を担う指揮官や参謀として勤務する「基本戦闘兵科将校」は、管理職として一年から二年ごとに、いきなりの人事異動命令で、別の部隊に転勤します。海軍の基本戦闘兵科将校だった私も、人事異動命令一つで戦闘部隊をはじめとして、情報部隊や国防省などに移っていきました。

家族と一緒に過ごした期間は年に三ヵ月ぐらいだけなので、早くから一人暮らしに慣れました。現在もひとりぼっちの安らぎを感じています（笑）。東京駐在の友人たちには、私がうらやましいといわれました。なぜか家族と毎日のように口争いをするので、疲れてしまうのだそうです。現代の韓国女性はぜいたくで、気が強いからですね（笑）。

佐藤　そういえば、高さんは海軍航空団にも所属していたと聞きましたから、パイロットでもあるのですね。

高　いえいえ、私は操縦専門職ではないので、パイロット資格証を持っていません。軍隊組織も、一般企業の組織のように技術専門職と管理職にはっきり分かれています。

たとえば、陸軍少将に昇進して師団長になったあと、中将から特殊戦司令官に任命され、その後、陸軍航空作戦司令官にまでなった先輩がいました。あるとき、陸軍航空作戦司令部に遊びに行って、その先輩に半分冗談で「航空科のパイロット出身でもないのに、どうして航空作戦司令官に任命されたのですか」と尋ねてみました。すると、「君は大手航空会社の役員や社長にパイロット出身者がいると思うか」というのです。たしかにそのとおりです。

でも、じつは一度だけパイロットを目指したことがあるんですよ。初期のころの海軍航空団では、少尉から大尉までの現役幹部を大量に募集して、海軍パイロットを数多く養成しようとしたことがありました。私も先輩たちに誘われて、その海軍パイロット養成課程に志願したのです。

ところが、訓練用の飛行機のほとんどが老朽化した中古機だったので、毎年のように墜落事故が起きていた。私が訓練に参加しているときも、中古のS－2機が滑走路の隣の白菜畑に墜落して炎上、同僚四人が亡くなるという事故がありました。そんなことがあったので、途中でやめる同僚も多く、私もあきらめることにしました。あのとき訓練の順番が変わっていたら、私が事故機に乗り組んでいたかもしれません。そうなっていたら、こうして佐藤さんとお会いすることもありませんでしたね（笑）。

佐藤　神様が守っているので、高さんの乗った飛行機が事故にあうことはありません。神学部出身の私が保証します（笑）。

『シルミド』の世界

佐藤　高さんはその後、インテリジェンスの世界のエキスパートになっていくわけですから、パイロットにならなかったのは韓国の国益にかなっていますね。それにしても、高速艇の隊長をされたりしているのはとても興味深いですね。

高　情報部門に入る前に所属していたのは、いわゆる特殊部隊というところです。韓国の西側の海域には大小さまざまな島が点在していますが、いくつかの島には海軍の特殊部隊や情報部隊基地、ミサイル基地、レーダー基地、艦艇前進基地などがあります。映画で有名な『シルミド』も、この海域にある空軍情報部隊の基地でした。

私が指揮官だった海軍情報部隊の特殊任務については、秘密保持上、詳しくお話しすることができません。秘密解除がないかぎり、墓場まで持っていかなければならない機密もあるからです。

こうした島に異動してきた兵士のほとんどは、正規部隊で事故を起こしたり、いわゆる荒っぽい連中でした。ですから、隊長としてのいちばん重要な仕事は、兵士管理となります。指示命令に従わない兵士や、兵士同士のトラブルに対しては、拳銃を発砲して威嚇《いかく》することもありました（笑）。

また、隣の島では、射撃訓練のときに不平不満を抱えた兵士が隊長や同僚に向けて銃を乱射するという事件もたびたび起こりました。ですから、万が一に備えて、寝るときはいつも拳銃を枕元に隠していたくらいです。ちなみに、軍隊出身の朴正熙大統領は側近だった中央情報部長の銃撃で亡くなりましたが、いつも枕元に拳銃を置いて寝たそうです。

佐藤　リアリティにあふれる話ですね。その後、どの段階からインテリジェンスの世界に進むことになったのでしょうか。

高　最初に赴任したのは、海兵隊の将軍が指揮する済州道地域司令部、海兵隊が駐屯する部隊でした。そこで私は、情報参謀として国の情報機関である安全企画部をはじめ公安警察とともに、北朝鮮工作員が日本を経由して侵入するのを阻止する任務、つまり、防諜業務を担当していました。

その次に移ったのは国防省の情報本部で、主な任務は北朝鮮軍の動きを二四時間監視して、そこから得た情報に基づいて戦争勃発の兆しを分析し、判断することでした。勤務は二四時間態勢になりました。徹夜明けで、朝九時に作戦状況室で、国防省長官、陸海空の合同参謀会議議長と局長クラスを相手に、定例情報ブリーフィングを行います。そして、大統領府と安全企画部に北朝鮮の動きをFAXで報告するのが私の任務でした。ブリーフィングが終わったら、次の勤務メンバーと交代して二日間休みとなります。

これらの情報は、アメリカの偵察衛星情報と偵察機が撮影した映像情報、そして、世界最大の通信傍受情報機関であるNSA（国家安全保障局）が捉えた通信傍受情報の提供を受けて分析、判断されたものです。とりわけNSAの通信傍受は、第二次世界大戦のときにすでに暗号解読までできたほどなので、情報の信憑性はきわめて高いといえます。

軍隊の情報部門に共通すること

高　北朝鮮担当官の次に命じられたのは、日本担当官でした。現在、国防省情報本部の海外情報部の傘下には、アメリカ課、日本課、中国課、ロシア課という四つの部署がありまず。しかし、私が勤めていた一九九三年当時は、周辺国課という課に、日本デスク、アメリカデスク、中国デスク、ロシアデスクの四つの部署がありました。そして、日本デスクには、陸軍中佐が政治担当官として、私が軍事担当官として、また参事官が経済担当官として、三人がつめていました。

情報収集の中身は、在日本韓国大使館の武官室からパウチ（外交行嚢《こうのう》）で届いた日本の日刊新聞と、電文で届く一般情報です。その他には、アメリカやイギリス、フランスにある韓国大使館の武官室から届いた、北朝鮮や中国、ロシア関連の特殊情報も扱いました。

また、私は日本軍事担当官としての基本業務のほかに、長官の特命を受けて「韓日友好軍事交流推進事業」を担当していました。現在は、艦艇の相互親善訪問をはじめ、幹部学校に相互留学するなど人事交流も盛んになりましたが、当時は韓国と日本の間には軍事友好交流がほとんどありませんでした。それが、いまでは毎年、「韓日情報交流会議」を開催して、北朝鮮に関する最新情報を共有しています。

佐藤　そうすると、韓国軍の場合、はじめからインテリジェンスの専門家をつくるのではなく、途中から進路が分かれるのですね。

高　基本はそうです。ただし、珍しいケースですが、はじめから専門にやっている人もいます。たとえば、情報科という兵種に属する人間は、最初から最後まで情報科です。階級としても、少尉から中佐クラスまで、ずっと情報科のなかで昇進していきます。ただし、こうしたケースは少ないですね。ほとんどの場合、陸海空の普通の戦闘兵科の将校が、情報の部署や情報部隊に赴任していきます。

佐藤　それは、世界各国の軍隊の情報部門に共通することで、情報プロパーの人はあまりいませんね。まったく畑違いのところにいて、ある程度経ってから異動するというやり方が普通なんですね。この点が一般の対外インテリジェンスと違うところです。一般の対外インテリジェンスは、入口のところから情報の専門家なんですね。

スパイ公募制は是か非か

佐藤　ところで、高さんのような異動は自分から希望して行われるのですか。それとも、上からの命令で決まるのですか。

高　半分半分です。上部から事前に意思を聞かれてから下される人事命令もあったので。

佐藤　折り合いを付けていくというやり方なのですね。

高　そうですね。でも、本人の希望よりも、人事命令でインテリジェンス業務に従事するというのが、世界標準ではないでしょうか。

佐藤　私もそう思います。

高　韓国にかぎらず、アメリカやロシアも同じだと思います。というのも、インテリジェンスをやりたいと考えても、自分に適性があるかどうかは、自分ではなかなかわかりません。木に関する情報をたくさん持っていても、山全体を把握することができるかどうかはわからない。山の全体を把握できる人こそが、インテリジェンスには必要なのです。

佐藤　そうなんです。日本にも「木を見て森を見ず」ということわざがありますが、インテリジェンスに従事する人の適性は、自分ではわからないという面は確かにあると思います。第三者が客観的に見なければ、その人がインテリジェンスに向くかどうかはわからない。

高　そう思います。誰も自分自身の姿は客観的に見えないものです。

佐藤　そこはすごく重要な視点だと思います。たとえば、「ぜひ、私はスパイになりたい」と希望してくる人間がたまにいますが、こういう人は絶対に採用してはいけないというのが、インテリジェンス機関の不文律だと思います。「俺は冒険が好きなんだ」とか「スパイをやらせてくれ」とギャーギャーいう人は、ただでさえ複雑な問題を、もっと複雑にしてしまうことが多い。

ですから逆に、この世界で働きたいと思う人は、インテリジェンス入門書やインテリジェンスに関する雑誌の論文などを読んでも、自分から実務の世界に近づいてはいけません。とくに、スパイみたいなことを趣味でやっているオタクみたいな人と見られないことこそが、インテリジェンス機関に就職するためには重要です。

もっともこれは国際スタンダードで、日本には未だインテリジェンス機関がないので、採用について心配する必要はありませんが。現在、対外インテリジェンス機関の創設が政治日程にあがっている関係で、インテリジェンス専門家を採用する際のルールについて、もっと日本でも真剣に議論すべきだと思います。

たとえば、こんな話もあります。ロシアのウラジーミル・プーチン大統領は、中学生のときにスパイになりたくてレニングラード（現サンクトペテルブルク）のＫＧＢ（ソ連国家保安委員会）に訪ねていったというのです。

ウラジーミル・プーチン

すると、そのときプーチンが会ったＫＧＢの職員が結構いい人で、「坊や、スパイになりたいといってくる奴は絶対に採らないから、どうしてもなりたいのなら、自分からは売り込まないように気をつけたほうがいいよ」と教えてくれたといいます。さらに、

「もし本当にスパイになりたいのなら、大学に行きなさい。そして、法学部で法律の勉強をしておくことだ。そうすれば、KGBの仕事にきっと役立つはずだからね」というのです。

そして最後に、こんなことをいうのです。「あとはジッと静かにしていて、向こうのほうから『あなた、どうですか、われわれのところに来ませんか』といってくるのを待っていなさい」——プーチンはこのアドバイスをしっかり実行したそうです。するとついに、大学生のとき、「ちょっとお話がしたいのだけど」とある人がやって来たそうです。「事情はいえないのだけど」というその人の言葉を聞いて、彼はピンときました。そして、何度か会って話していたある日のこと、「じつは私はKGBの人間ですが、あなたはKGBに入る気はありませんか」とリクルートされたという話です。

高　それはおもしろい話ですね。

佐藤　また、情報機関によっては、新聞に募集広告を出しているところもあるんですね。アメリカのCIA（中央情報局）もそうですが、イギリスのMI6も、「スパイになりたい方どうぞ」「冒険を望む方どうぞ」なんて広告を出しているのですが、試験の実力で合格するかといえば、必ずしもそうではない。「開かれたインテリジェンス機関」を標榜するがゆえに、公募は必要とされるのですが、どういう人間であるかを知ったうえで採用しようと思ったら、やはり縁故のほうがいいですね。だいたい、自分からスパイになりたいという人はバランス感覚に欠けているし、変な人が多い。

イスラエルでも、「採用の基準が不透明になるから公募制度にしないとダメだ」という声があるので、最近、形だけは公募するようになりました。でも実際は、募集しても、自ら進んで手を挙げてきた人はほとんど落とすんですね。それで誰を採るかというと、あらかじめ目を付けておいた人間に、「あなた、ぜひ情報の世界に来なさい」といって公募に応じさせて、ピンポイントで合格させるわけです。どうもこれが、イスラエルだけでなく、ほとんどの国でのスパイ採用の実態のようです。

ただし、アメリカに関していえば、文字どおりの公募を基本にしているようです。ところで、韓国は公募ですか。

高　公募ですね。

佐藤　アメリカのCIAと同じですね。

高　かつて安全企画部と呼ばれた国家情報院が韓国のシビリアンの情報部門ですが、そこはすべて公募です。しかし、軍隊の場合はいきなり上から人事命令を下す場合が多いです。

ここで、優れたスパイの条件は顕微鏡的な分析力と望遠鏡的な洞察力を備えた眼力だと思います。つまり、現代は情報洪水の時代。だからこそ、情報の選別能力と鋭い判断能力が求められています。

ちなみに、プロのスパイは三つの目を持つべきだといわれます。空から全体を鳥瞰《ちょうかん》する「鳥の目」、顕微鏡をのぞくように焦点を絞る「虫の目」、そして潮の流れをキャッチする「魚の目」。これらを兼備して情報を収集、分析、判断しないと駄目だということです。

軍事情報機関と国家情報院の関係

佐藤　さて、ぶっちゃけたところで、韓国において国家情報院と軍隊の情報部門はどちらが強いと思いますか。

高　やはり、国家情報院の強みはヒューマン・インテリジェンスですね。人間のネットワークを使った、ヒューミント（HUMINT/Human Intelligence）という情報収集が強みだと思います。国家情報院のそうした分野は本当に強いと思いますが、偵察機を飛ばすといった映像情報や通信情報の収集は、やはり軍隊にしかできません。

佐藤　軍隊はヒューミントをしていませんか。

高　いえ、していますね。

佐藤　それでは、いい情報源が入ってきたら、国家情報院と軍との取り合いになるのではありませんか。

高　この二つの組織は、いわば「共存するライバル関係」にあるわけです。したがって、どちらが情報を使うかといったことを調整したり判断したりするのは、大統領府になります。

佐藤　その点はたいへん重要なところで、ライバル関係にある軍事情報機関と国家情報院の間でヒューミントをおたがいにやっているというわけですね。そして、それを調整するのが大統領府だということですから、大統領府に全体の情報を統括するポジションの人がいるわけですね。

高　そうです。

佐藤　それは政治家ですか。

高　いえ、安全企画部出身もいれば、軍隊出身で安全企画部に出向している人もいます。ですから、いずれにせよ官僚ですね。

日本にはないアメリカ調査班

佐藤 高さんは、国防省の情報本部に移ってきた当初は北朝鮮担当の仕事をされていたわけですね。そこには北朝鮮に関するいろいろな情報が集まってくるのですか。

高 そうです。アメリカの国家安全保障局（NSA／National Security Agency）という組織は通信情報の専門部門で、「エシュロン」という全世界を網羅した通信傍受システムを運用するなど、予算を含めたスケールがCIAの三倍もあります。北朝鮮の情報は、このNSAによってもたらされる通信情報がかなり多かったですね。

佐藤 北朝鮮の新聞や雑誌は読んでいましたか。

高 それはまた別の部署がありました。

佐藤 おもしろいですね。そういった部署でまとめた資料が回って来るわけですね。

高 安全企画部が一週間単位で情報としてまとめて、軍隊、民間、警察の情報関連の各部署に配っていました。

佐藤 高さんはその後、北朝鮮担当から日本デスクに移ります。韓国にとって日本は友好国ですから、日本についてはあまり調べる必要はなかったのではありませんか。

高　友好関係にある国であっても、軍事関連の動向を中心にした情報は集めます。ただ、「調べる」というより「国際情勢に関連して動向を研究する」というレベルですが。

佐藤　それでも大したものです。日本では、友好国であるアメリカのことなど、まったく調べていませんよ。

高　えっ、自衛隊でやっているのではありませんか。

佐藤　自衛隊の合同情報本部のなかに、インテリジェンスの手法を用いてアメリカ調査に従事している班はないし、外務省にもありません。外務省にアメリカ担当の部署はありますが、アメリカに対するインテリジェンス工作はしていません。

高　情報収集はどうですか。

佐藤　あんまりやっていませんね。私が現役時代、つまり五年前の実情をいえば、ワシントンの日本大使館には職員が一八〇人いましたが、アメリカの内政情報を集めているのは、わずか二人でした。日本の外務本省でもアメリカ調査を担当していたのは二人だけでした。現在、この体制が抜本的に変化したとは思えません。

高　韓国の外務省にもアメリカ課、日本課、ロシア課、中国課という担当部署があるし、外交安保研究院でも国際情勢と周辺国の動向を学問的に研究しています。また、韓国には国防省情報本部もありますが、友好国であるアメリカや日本に対しては、情勢を研究するというレベルですね。どういう動きをしているのかを知ろうとする程度です。

佐藤　積極的に工作を仕掛けることはないということですね。

高　そうです。

佐藤　日本の外務省の場合、韓国と北朝鮮を担当する北東アジア課、アメリカとカナダを担当する北米第一課、中国とモンゴルを担当する中国課、ロシアを担当するロシア課などの地域課があります。それとは別に、国際情報統括官組織が、インテリジェンスの観点からこれらの諸国を見ています。

地域課と情報部門とそれ以外のところを比較すると、地域課は、日常的な外交の仕事をしています。すると、たとえば文化交渉をしてまとめたいという人のところには、「交渉がまとまらない可能性を知らせる情報」が入ってこないものです。ですから、情報を扱う部門は、実際の政策とは切り離しておく必要があるのですね。

韓国国防省情報本部の優れた発想

佐藤　ところで、前の章でも触れましたが、高さんが逮捕勾留されることになった機密漏浅事件についてもう少し教えてください。逮捕されたときの高さんの階級は何だったのですか。

高 海軍少佐ですね。中佐昇進を控えた古参でした。

佐藤 すると、日本担当官の少佐として責任を持つ立場だったのですね。

高 はい、そうです。

佐藤 では、どの情報を流していいかといったことは、ある程度自分で決めることができたのではありませんか。

高 そういうことは自分で判断していました。

佐藤 なるほど、それで高さんは部下を持たずに一人で仕事をしていたわけですね。

高 はい。

佐藤 これも情報を分析するうえで大切なポイントですね。というのも、インテリジェンス分析の世界では、一人の担当官が扱う対象や分野をある程度幅広くしておいたほうが、全体像がわかるからです。外部からきちんとした公開情報や秘密情報が入ってくる環境では、インテリジェンス分析の部局を細分化して、たとえば、日本の軍事情勢の分析を一〇人のチームで細かくやるというよりも、一人のデスクでやったほうが、大づかみできて効率がいい。

したがって、一度担当になったら長い期間やらせたほうがいいんです。というのも、情報というものには「限界効用」があるからです。

高　限界効用ですか。

佐藤　初期のころの情報というのはとても重要なのですが、たとえば全体像の五割がわかっていて、そこから九割までわかるために追加して得る情報の努力と、九割を九割五分にする努力は同じくらいであるというのが「限界効用」なんです。

これを情報の世界に置き換えてみると、北朝鮮のミサイルとか核の問題や、北方領土問題には、大きなエネルギーをピンポイントで投入する必要があるのですが、その他の多くのテーマについては全体像が見えていればいいという程度にとどめるべきなんです。たとえば、インドの政治情勢とか中南米の経済情勢といったテーマは、比較的広域に幅広く見ていたほうがいいわけです。

その意味では、国益上重要な国を見る有能なデスクが何人もいて、そのデスクを「周辺国課」という組織でまとめていた当時の韓国の発想は、すごくうまいなと思いますね。

高　手前味噌な話ですが、たしかにそれはいえますね。

佐藤　韓国にとって、安全保障の面で重要なことは、周辺国との関係です。ならば、必要なところに重点を置くべきです。日本は往々にして「全世界を網羅しなければならない」という律儀《りちぎ》な強迫観念にとらわれてしまいがちなので、アフリカとか中南米にまで平均的に割り振ってしまいます。かつて私が勤務していた国際情報局などがまさにいい例です。

でもそれは、近い過去に自国の存亡に関わるような戦争を経験している国とそうでない国の違いなんだと思います。ですから、高さんから当時の韓国の情報に関する組織体制を聞くだけで、必要な情報を本気で得ようとしていたことが伝わってきますね。

第三章　友好国とのインテリジェンス協力

「情報公務員法」でスパイ防止を

佐藤　さて、ここからは視点を少し変えて、スパイ防止法に触れたあと、友好国とのインテリジェンス協力について考えてみたいと思います。そこでまず、韓国と北朝鮮のインテリジェンスの現状について教えていただきたいと思います。

高　先に述べましたが、韓国では、インテリジェンスは民間と軍に分けています。そして、「積極諜報」（ポジティブ・インテリジェンス）と「防諜」（カウンター・インテリジェンス）も、それぞれ軍と民間に分けています。ただし、北朝鮮と比較した場合、防諜や情報工作活動の面では、北朝鮮のほうが優れています。

佐藤　自由社会というのは、なかなかたいへんなんですよね。たとえば、北朝鮮は相互監視制度が行き届いているから、国民全員が住民証を持っています。韓国もＩＤカードをつくっていますが、相互監視の徹底という面では、北朝鮮と比較すれば低いレベルです。

しかも、平壌《ピョンヤン》に住んでいる人たちは、当局によって、もっとも徹底的に監視されています。田舎はどうかというと、当局の監視は少し緩いとしても、田舎の人たちはよそ者に対しては敏感ですから、外国の機関員や協力者が情報収集活動をすると、すぐにそれとわかってしまいます。それに対して、韓国ならソウルでも釜山でも慶州でも、見たことのない人がいても誰も気がつきませんよ。

高　たしかに韓国では限界がありますが、日本はもっとひどいですね。日本は「スパイ天国」といわれていますから。

佐藤　まったく同感です。日本はスパイ防止のための法整備を進めるべきです。ただ、スパイ防止法の制定が適切であるとは、私は思いません。なぜなら、スパイ防止法という言葉は手垢《てあか》がついているし、「そんなものはけしからん」とかいって、まちがいなく世論が騒ぎ出しますから、高い確率でまとまらないでしょう。

私は「情報公務員法」のようなものがいいんじゃないかと思っています。まず、軍でも外務省でも、これからできる対外インテリジェンス機関でも、情報を担当している人を「情報公務員」と規定します。そのうえで、国家公務員法の特別法にするわけです。

そして、情報公務員が情報漏洩をして国に危害を与えた場合の最高刑は死刑にする。つまり、ものすごく厳しい罰則規定を設けるわけです。ただし、事前に自首し、捜査に協力した場合は刑を免除する。このような極端な落差をつけることがミソなのです。もちろん、共謀もしくは教唆《きょうさ》した人間に対する罰則規定も設ける。共謀もしくは教唆した人間は、たとえ情報公務員以外の民間人であっても罰することができるようにするのです。そうした形をとることができれば、実質的にスパイ防止法と同じ中身になります。

「サード・パーティー・ルール」

佐藤　この法律はできるだけ早くつくらなければなりませんね。一刻も早く情報漏洩を防ぐ法律をつくらないと、「日本に情報を渡したら、どこに抜けるかわからない」といって、アメリカも韓国もイスラエルも情報をくれなくなります。

高　おっしゃるとおりです。そもそも、こういう情報というのは、かぎられた専門家のあいだでやり取りするものですからね。

佐藤　そのとおりです。とくにそこで重要なのは、「サード・パーティー・ルール（第三者に対する原則）」と呼ばれる掟です。たとえば、私が高さんからもらった情報を別のAさんに教えるとき、教える前に、高さんに「Aさんに教えてもいいですか」という了承を明示的に得なければいけない……これが「サード・パーティー・ルール」です。

高　秘密を守るための大切なルールですね。その意味で二〇〇七年にマスコミを賑わしたのが、防衛省情報本部の一等空佐による情報漏洩問題ですね。

佐藤　あの事件は日本ではかなり誤解されているんですね。事件の内容は、二〇〇五年五月三一日付の読売新聞が報じた日本近海での中国ディーゼル潜水艦の火災事故に関するスクープが、防衛省情報本部の一等空佐からのリークだったというものです。そして、これが自衛隊法で定められた「秘密を守る義務」に抵触するという疑いが生じたわけですが、この問題に対して、「大した話じゃないじゃないか。あの程度のことで、なんで大騒ぎするんだ」という人がいますけど、それは別の話なんですね。

というのも、あきらかにアメリカからもらっている情報を、事前にアメリカに断ることなく、読売新聞に流してしまったわけですから。でも、もし事前に、「中国が日本の近海で潜水艦を使って活動しているけれど、火災などという危ないことが起きているので、日本の世論を啓発したいと思う。ついては、この情報をリークしていいか」とアメリカに相談すれば、「じゃあ、潜水艦の番号については外に出さないでくれ」といった条件をつけたうえで認めてもらえたと思います。そうした「サード・パーティー・ルール」をきちんと守れば、情報はまったく問題なく外部に出せるわけです。

ところが、その掟《おきて》を守れないとなれば、その組織は二度と情報をもらえなくなります。つまり、掟の問題ですから根が深いんです。残念ながら、日本には国際社会で常識になっているこうしたルールが存在しません。でも、それはかつての韓国にも同じことがいえましたね。高さんが逮捕された一九九三年当時も、韓国で、じつはその掟が明示的なルールになっていなかったのだと思います。

そもそも政治は、インテリジェンスを専門にしている人を必ず守らなければならないんです。そうでなくては、リスクの高いインテリジェンスなどという仕事は、危なくてできません。高さんは、友好国である日本のジャーナリストと関係を持ち、そのジャーナリストから情報をもらい、おたがいの国益にプラスになることを「仕事」としてやっていたんです。そういう高さんのような人たちを叩き潰すようなことを、政治は絶対にやってはいけないのです。

にもかかわらず、高さんが韓国で罪に問われたのは、「情報を扱っている人が、他人に流すことを許可された情報」に関するルールがなかったからなのでしょうね。

高 たしかに、いわゆる「秘密公開に関するガイドライン」はありませんでしたね。

佐藤 ガイドラインがなかったから、高さんは引っ掛かってしまったわけです。ですから、ありとあらゆる意味で、高さんは犠牲者なのです。フジテレビの篠原さんだって、民間人ですが、インテリジェンスの周辺にいるジャーナリストとして、事前に高さんに相談してから、防衛駐在武官の福山さんに資料を渡さなければならなかった。「これは大使館に持っていきますからね」とか「雑誌に書きますよ」と、ひと言耳に入れる必要があったのです。そうなれば、高さんも「雑誌は勘弁してください」という条件を付けることができますからね。

高　そういう話は、ぜんぜんありませんでしたね。

情報交流のガイドラインを

佐藤　さらにガイドラインの話をすれば、ことは日本にも大きく関係してくるテーマなんですね。たとえば、日本はアメリカやイギリス、ドイツなどと同じ価値観を共有していますが、ロシアもすでに共産体制ではないのですから、これに含まれる。そうした国々との情報交換をするとき、情報に関するガイドラインがなければ、そのときの政権の思惑で、日本でも高さんと同じ目にあう情報将校がたくさん出てくるはずです。

ですから、日本だけがとくに立ち遅れているコリント（協力諜報）の分野における、「サード・パーティー・ルール」を中心とする国際スタンダードに合致する、ルールの周知、ガイドライン設定を、早急に決める必要があるわけです。

高　軍事同盟関係にある日米と韓米も、おたがいに軍事機密を共有しています。ただし、どこまで軍事機密を共有するのか、同盟関係の友好国に公開するときのガイドラインを整理しておく必要があります。たとえば私の場合を例にわかりやすくすれば、「高少佐が日本のジャーナリストに提供した軍事情報は、日米同盟下、米韓同盟下にある友好国同士の情報だから、秘密漏洩にはならない」という秘密公開のガイドラインを決めるべきなのです。敵性国に共同して対応するためにも不可欠です。

佐藤　秘密は重要度によって分けて管理されています。そのうちどこまでを出していいか、友好国に公開するときのガイドライン設定が求められますね。

高　おっしゃるとおりです。機密の重要度は四段階に分けて管理しています。「トップ・シークレット」（一級機密）、「シークレット」（二級機密）、「コンフィデンシャル」（三級機密）、そして秘密レベルが低い「対外秘」です。また秘密文書は、作成されてから二年後、五年後、もしくは一〇年後までという秘密保持期間が設定されます。軍事同盟関係にある友好国同士は、秘密のレベルと保持期間を勘案して、情報公開のガイドラインを設定、円滑な情報交流ができるような協定を結ぶべきです。

佐藤　先ほど高さんが指摘されたとおり、日本と韓国は、おたがいにアメリカとの軍事同盟関係にあります。つまり、友だちの友だち。友好国同士なのに、秘密公開の基準とサード・パーティー・ルールがないから、高さんはその被害者になったわけですね。日米韓三国が、情報交流のルールをもっと早く設定していたならば、逮捕されることもなかったのです。

公開情報が秘密に分類される理由

高　韓国では、秘密文書を作成して重要度を設定するとき、つねに過剰設定するのも問題ですね。たとえば、欧米の軍事専門誌やシンクタンクの研究誌に公開された内容が、軍隊内部では二級機密に設定されているケースが多いのです。とりわけ、北朝鮮関連の情報は、ほとんど三級機密以上に設定されます。北朝鮮情報を把握するためには、隔離された秘密保管倉庫まで行って閲覧しなければならない。そのためには、面倒くさい手続きと時間がかかります。

ゆえに、貴重な情報資料が地下に放置されたまま眠っていることが多い。これでは、活用するための情報ではなく、ただ倉庫に保管しておくためだけの情報になってしまいます。これは大きな矛盾であり、韓国も大きな問題を抱えています。

また、秘密文書を最初に作成した人も、秘密漏洩防止の責任を免れるために、専門誌などに公開された内容であっても、秘密として、過剰に分類・設定しているのです。それこそが問題でしょう。まったくもって非能率的な管理システムです。

佐藤　すると、高さんが漏洩した秘密もそういうレベルの情報ですか。

高　そうです。私が漏洩したという情報も、大部分「ミリタリー・バランス」や「ジェーン年鑑」など、欧米や日本の軍事研究専門誌およびシンクタンクの研究論文等に、その大部分が公開された情報です。軍法会議でも私はそれを強調し、業務上の過失に過ぎないと主張しましたが、ぜんぜん通じませんでした。

その論理たるや、「社会で公開されている機密情報であったとしても、軍隊で秘密に設定されていたら、それは軍事秘密である」というもの。捜査官をはじめ軍法会議の当局者たちは、情報の分野に関しては無知、しかも軍事の分野でも門外漢なのです。とくに当時は、文民政権の「軍部バッシング」の雰囲気が蔓延《まんえん》しており、私の真っ当な主張は、まったく通じない状態でした。

佐藤　秘密情報の作成や保安管理基準が矛盾だらけで非能率ですね。

高　いいご指摘です。だから軍隊内部にも不平があります。目に見えない情報戦争で勝つためには、「敵を知り己を知れば百戦危うからず」という孫子の兵法の教えを思い出さなければなりません。情報の専門家は敵を知るために様々な動きをする。しかし、その動きに対して、一般の将校たちは正確な価値判断を下せないでしょう。

だからこそ、効率的な情報管理の指針を設定すべきなのです。防諜と秘密保持は何より重要ですが、円滑な情報の共有と活用が優先順位としては上だと思います。軍隊はもちろん、一般社会でも、企画もオペレーションもすべて、関連する情報の収集と、その情報に基づいた正確な判断からスタートするのですから。

韓米のシンボル的な協力の成果

佐藤 ところで、アメリカと韓国との情報の共有はどれくらいありましたか。

高 韓米両国は軍事同盟関係にあるため、軍事情報はトップ・シークレット（軍事一級機密）まで、ほとんど共有しています。たとえばアメリカは、偵察衛星をはじめ偵察機が撮影した映像情報を韓国側に提供してくれるのです。さらに、通信傍受情報もほとんど韓国側に提供しています。こうしたハイレベルの情報は、韓国軍の上層部や師団長クラス、部隊長クラスまで、毎日提供されています。

偵察衛星や偵察機を運用するときには、多額の費用がかかります。たとえばU－2偵察機の場合なら、一回飛ばすたびに一〇〇万ドル、約一億円の費用が発生します。まさに、これらは韓国側にとって「情報資産」です。アメリカ軍側が多額の軍事予算を投入して収集した貴重な情報を、韓国軍はただでもらっているわけです。

いっぽう、アメリカ側の情報提供がないと、韓国軍は機能不全の状態に陥るはずです。すなわち、これは、韓国とアメリカが軍事同盟関係にあるからこそ可能な情報協力なのです。仮に韓国側がU－2機を譲り受けたとしても、運用するには巨額な費用がかかり、それを賄うことはできません。ゆえに、アメリカ側に心から感謝すべきなのです。現在、韓国軍では、偵察衛星が捕らえた敵の映像情報を二四時間リアルタイムで見ることもできます。

佐藤　たしかに、映像情報や通信情報の分野では、アメリカ軍側が圧倒的な強みを持っていますね。

高　私が国防省に勤務していたとき、西海（日本名は「黄海」）で北朝鮮の工作船との激しい交戦がありました。このときは交戦が一段落し、工作船の姿も見えなかったため、海軍は上層部に「北朝鮮の工作船を撃沈した」と報告しました。しかし翌日の午前中、在韓アメリカ軍司令部のＮＳＡ情報将校が私を訪れ、衛星から撮影した写真を見せてくれました。驚くべきことに、なんとそこには、西海の北方警戒線を越えて北へ向かう工作船のスクリュー・バブルが鮮明に写っていたのです。

海軍本部では北朝鮮工作船撃沈に関する記者会見を用意しましたが、その衛星写真一枚のために、延期されることになりました。後でわかったことです。北の通信を傍受して判明したのですが、現場にいた二隻のうちの一隻は沈没をまぬかれ、北へ逃げてしまっていたのです。

佐藤　韓米という友好国同士の、シンボル的なインテリジェンス協力ですね。

金正日の息の音まで感知する能力

高　在韓アメリカ軍は、最新型のＵ－２偵察機三機を韓国中部の呉山にあるアメリカ第七空軍基地に配置して、その三機を八時間交代で、一機ずつ飛ばしています。Ｕ－２機は高空偵察機なので、休戦ライン近隣の二万五〇〇〇メートル上空から、北朝鮮地域を特殊撮影しています。

Ｕ－２機を通じて収集された情報は、アメリカ太平洋統合軍司令部（ＣＩＮＣＰＡＣ）

と在韓アメリカ軍および韓国国防省の情報本部に提供されます。U-2機が収集した諜報の他にも、偵察衛星からの写真、通信傍受（盗聴）情報、および人間情報（ヒューミント）が提供され、情報本部はそれを総合的に分析しています。

これらの情報をベースに、韓米連合軍司令部は、対北警戒態勢のレベル、すなわち「デフコン」（DEFCON）の程度を決めます。韓国軍はアメリカ軍が運用する高価な諜報衛星と最新型U-2偵察機を通して、戦略情報の一〇〇パーセントを、そして戦術情報の七〇パーセントを提供してもらっているといえるでしょう。

佐藤　諜報衛星とU-2偵察機の対北朝鮮偵察能力はどれくらいあるのですか。

高　私がアメリカ軍情報当局のNSA関係者（韓国系アメリカ人）から聞いたところによれば、金正日《キムジョンイル》のほんの微細な動き、たとえば息の音まで感知可能なようです。こうしたことを通じて、彼の健康状態まで把握できるといわれました。

佐藤　じつは、中東の某国で、シリアのアサド大統領について、自宅のベッドルームにいるか居間にいるか、そこまで探知しているという話を聞いたことがあります。ですから、高さんの話に意外感は持ちません。

高　偵察衛星は飛行時にまったく騒音が出ませんが、U-2機も、高空で八時間留まっているときにはエンジンを止めて巡航しています。ですから、やはり騒音が出ない。こうしたことからも、通信傍受の際、金正日の息の音まで感知できるというのは過剰な表現ではないと思います。そして、その感知機器と技術は、製作した会社のトップ・シークレット、企業秘密になっています。

また、写真の解像度については、自動車のナンバープレートまで識別できるといわれています。現在公開されている情報によれば、偵察衛星KH－11とKH－12の解像度は五〜一〇センチ程度と知られています。ちなみに一機一〇億ドルもする高価な資産、KH－12衛星は、七〇〇キロの上空から、地上にある一〇センチ大の物体まで識別する性能を持っています。さらに、これらスパイ衛星は、水中を潜航するロシアや中国の潜水艦と艦隊司令部の間の通信を盗聴することができるともいわれています。

佐藤 情報通信と電子技術の進歩があれば、インテリジェンスやスパイの技術の進歩には限界がないということですね。

CIAの韓国内での活動は

佐藤 ところで、CIAの韓国でのヒューミント分野の活動について、高さんはどう評価していますか。

高　アメリカのCIAの韓国国内でのヒューミント組織は、大部分が水面下で動いています。在韓アメリカ大使館政治課が担当部署。そして、アメリカ大使館政治課の責任者は政務参事官で、一等書記官の三人が北朝鮮の軍事と政治および朝鮮半島の外交問題、統一問題に関連した情報を担当しています。彼らのような外交官は、駐在国に関する情報収集活動を行い本国に報告します。

こうした情報収集活動は、全世界に展開している各国の外交官たちも同じです。外交関係に関するウィーン条約では、「接受国における諸事情をすべての適法な手段によって確認し、かつ、これらについて派遣国の政府に報告すること」と規定しています。だからこそ外交官は、「公認されたスパイ」（Official Spy）と呼ばれるのです。

世界各国のCIA支部は、たいてい大使館に置かれています。当然、CIAの韓国支部も、アメリカ大使館の建物にあります。そして、CIA韓国支部長は通常、在韓アメリカ大使特別補佐官という肩書を持って活動しています。

また現在、韓国国内で活動中のCIA要員は、二〇人強いるとされていますが、これらは「ホワイト要員」（公開情報員）と「ブラック要員」（非公開情報員）に分けることができます。彼らが連携して、幅広く協力者つまりエージェントを確保し、多様なヒューミント活動を展開しているのです。

北朝鮮と中国・ロシアの情報協力

佐藤 ところで、北朝鮮と中国との情報協力はどうなっているのでしょうか。

高 北朝鮮は、ヒューミント分野では、主に中国と連携して協力しています。しかし最先端の偵察衛星による映像情報と通信傍受情報は、すべてロシアの協力に依存しています。

中国と北朝鮮は、一九九四年七月に金日成《キムイルソン》が死亡して以後、公式な交流は目立っていないのですが、中国情報機関の要人である対外連絡部の副部長は毎年、北朝鮮を訪問しています。在平壌中国大使館は、各国大使館のなかでも最大規模で、大使の地位も中国外交部の副部長（次官）級です。

中国は、国務院傘下の情報組織として、「国家安全部」と「公安部」、そして「新華通信社」を置いています。新華社は、一般的な通信社の機能のほかに、世界各地の情報を収集、翻訳、分析して、中国のトップクラスの指導者と関係部署に随時報告しています。もちろん新華社では、情報要員が国外に派遣されるとき、身分を隠すようにしています。

また、新華社は党中央宣伝部の指揮・監督を受けながら、社長は国務院部長（長官）レベルに該当します。新華社は、中国内に三〇ヵ所の支部と国外に一〇七ヵ所の支局を運営しています。雇用人員は二万人を超えるので、強力な情報軍団ともいえるでしょう。ちなみに、新華社ソウル支局では五人の記者が活動中ですが、エージェントをあわせたら二〇人以上になると思います。

佐藤　ところで、ロシアの情報機関も、ソウルで合法的に活動しているのですよね。

高　旧ソ連のKGBは、韓国とソ連の国交正常化以前の一九八〇年代から韓国で情報収集活動を開始しました。一九八八年のソウルオリンピック前後には、アメリカのCIAがKGB要員の韓国内での活動状況を韓国側に通報し、KGBを牽制した例があります。また、ソ連は一九九〇年に国交正常化して以後、ソウルにロシア大使館を設け、合法的に「ホワイト要員」を派遣し、情報収集活動を展開しているのも事実です。

佐藤　ロシアは北朝鮮と同盟関係にあったわけですが、防諜分野で韓国側とトラブルにはならなかったのですか。

高　ロシアと韓国の間では、一度、大きなスパイ追放事件がありました。

一九九八年に、ロシア駐在の韓国大使館の参事官がスパイ容疑で追放されました。当時、韓国側は対抗措置として、在韓ロシア大使館の参事官をスパイとして追放しました。彼はロシアのイタルタス通信の韓国特派員として入国したあと、在韓ロシア大使館に赴任しました。彼の場合、ロシア外務省の所属ではなく、対外諜報庁（SVR）所属の工作員としてのスパイ活動がばれたのです。

佐藤　ロシアの韓国内でのレベルの高いヒューミント情報が、北朝鮮側にも提供されていた可能性は高いと思いますが、いかがでしょうか。

高　それは十分ありうると思います。実際、ロシアは北朝鮮の黄海道《ファンヘド》に特殊レーダー基地と通信傍受基地を運営していることが知られています。これは在韓アメリカ軍が運営しているNSA傘下の通信傍受基地と同等の施設です。ロシア版「エシュロン」として、アメリカNSA傘下の本家「エシュロン」と同じ任務を遂行しています。ロシアはこのような通信傍受基地を、北朝鮮以外に、キューバとベトナムでも運用しています。

北朝鮮の基地では、在日アメリカ軍と在沖縄アメリカ軍基地に対する情報を収集・分析しています。こうして北朝鮮は、韓国に関する通信傍受情報を、ロシアを通じて収集できるわけで、対南戦略に活用しているのです。一九九八年にロシアから追放された韓国外交官は、この通信傍受基地に関する情報をロシア人協力者から収集し、それが発覚したために事件化されたのです。

佐藤　この国外退去事件は、モスクワのインテリジェンス・コミュニティでは大事件だったので、私もよく覚えています。

CIAの三倍以上の予算を持つ機関

佐藤　ところで、通信傍受能力は、アメリカ側が圧倒的に優れていますね。

高　現在、アメリカは、国家安全保障局（NSA）が主導する「エシュロン」と呼ばれる通信傍受システムを通じて、全世界を盗聴監視しています。アメリカは連邦政府傘下に「国家安保局」、「中央情報局」（CIA）、「国防情報局」（DIA）、「国家偵察局」（NRO）、そして「国家地理空間情報局」（NGA）という五つの情報機関があり、世界各地を、顕微鏡をのぞくように分析しています。

なかでもNSAはCIAの三倍以上の予算が投入され、強大な情報力を維持しています。人材面でも、NSAは修士以上の学歴を持った三万八〇〇〇人以上の要員がおり、アメリカ最大規模の情報機関です。ちなみに、CIAの場合、要員は一万五〇〇〇人程度といわれています。

したがって、NSAこそ、名実ともにアメリカ最大規模の情報機関であるといえるのです。アメリカの軍事専門家たちは、これら情報機関が一年に使う予算を四〇〇億ドル（約四兆八〇〇〇億円）と推定しています。

すでに述べましたが、情報は大きく「人間情報」（HUMINT／Human Intelligence）と「通信情報」（COMINT／Communication Intelligence）、そして「映像情報」（IMINT／Image Intelligence）に分けられます。このうち、CIAは人間情報、すなわちヒューミントを主に扱っています。

ちなみに、法務省傘下のFBIは国内防諜（Counter Intelligence）業務、および国内テロ関連情報を担当しています。また、諜報・偵察衛星を総括して運用するNROは、アメリカ政府がその存在を認めた一九九二年まで、完全にベールに包まれた情報機関でした。

現在、アメリカの情報機関の総括責任者はCIAのトップですが、半分以上の情報機関が国防総省所属になっており、また情報関連予算もほとんど国防総省が使うことから考えると、実質的な総括責任者は国防長官だと思います。

ます。

「エシュロン」の正体

佐藤　NSAの通信傍受の仕組みはどうなっているのでしょうか。

高　高周波（RF）通信の盗聴をはじめ、衛星を利用したマイクロウエーブ盗聴、そして海底ケーブルおよびインターネット盗聴を通じて暗号通信まで解読することが知られています。

エシュロンは第一次加盟国のアメリカとイギリスに、第二次加盟国としてオーストラリア、ニュージーランド、カナダといったアングロサクソン系の三ヵ国が加わりスタートしました。以後、NATO加盟国と日本、韓国、トルコが第三次加盟国になっています。そうです。国民には認知されていませんが、日本もじつは「エシュロン」加盟国なのです。

このなかで、英米とカナダ、オーストラリア、ニュージーランドの五ヵ国は、アングロサクソン国家であるという点からか、エシュロンのすべての盗聴情報を共有しています。しかし、第三次加盟国の場合は情報共有に制限があります。したがって、韓国や日本がアメリカからもらっている北朝鮮情報も、最高レベルの機密情報ではないと思います。

現在エシュロンは、音声を認識できる最先端の盗聴装備を含めた暗号解読技術を持っています。これを通じてNSAは、電話、ファックス、口座の追跡、電子メールはもちろん、航空機および艦艇の電波など、地球上のすべての通信を追跡監視できます。文字どおり、グローバルな最先端の情報収集能力を持っているといえるでしょう。

佐藤 高さんが今おっしゃったNSAの仕組みに関する内容も、レベル度の高い機密情報ですね。

高 そうです。韓国軍では、これらはシークレット（二級機密情報）に設定されています。しかしながら、私が知っている機密は、じつは外国の軍事情報誌や軍事技術専門誌および韓国の月刊誌「新東亜」でも詳細に公開されている、つまり公開情報でもあるのです。先に指摘しましたが、これも非合理的なことですね。

ただし、NSAが収集した通信傍受情報は、「特殊情報」に設定されます。

「SI」＝「特別情報官」とは何か

佐藤 ところで、オフライン通信傍受だけではなく、オンライン通信傍受としてのインターネット通信傍受も増えたと思いますが、この点に関しては、いかがでしょうか。

高 従来は無線通信傍受が中心でしたが、現在は、インターネット通信など、有線通信傍受が増えています。たとえば、メールや電話で爆弾（BOMB）、テロ（TERROR）などの単語を使うことになれば、ただちにエシュロンの追跡対象になります。この情報は赤道上空を回っている偵察スパイ衛星を通じて、アメリカのメリーランド州にあるＮＳＡ本部に送られ、分析されます。隠語や暗号も解読するため、ＮＳＡ要員には言語学や音声学の専門家も多い。

また、ＮＳＡは目標となる建物の窓ガラスにレーザー・ビームを照射して、室内の対話の内容を盗聴する機器も保有しています。対話によって発生する窓ガラスの微細な振動を感知して、その内容を解読するのです。

ＮＳＡは、もっと奇想天外な手段もとります。たとえば、新聞にテロリストの写真がのせられたとしましょう。するとＮＳＡの技術陣は、その写真に写されているテロリストのトランシーバーに注目します。ＮＳＡの技術陣は、外観だけ見れば、その機器の製品仕様と使用周波数がわかります。このような糸口からでも、ＮＳＡは数時間後に自ら盗聴装備を製作し、現地に送ることができるのです。

佐藤　さすがに韓国国防省情報本部の出身だけに、技術分野も詳しいですね。

高　それほどではありませんが、現役のときは、厳しい身元調査の過程を経て、ＮＳＡから「ＳＩ」すなわち「特別情報官」の身分を得ました。韓国国防省情報本部にも、つねに数人しかいない特殊な身分です。

佐藤　「ＳＩ」として経験した興味深いお話はありますか。

高　ＮＳＡは、特定の人の声を事前に保存しておいて、該当者が通信を利用した瞬間、ただちにその声を感知し、傍受する機能を保有しています。世界各国の主要人物が電話した内容は、すべて盗聴され、分析されていると見るべきです。

また現在、ＮＳＡは、他国の暗号体系を分析するだけでなく、自国用の暗号体系をつくって保護しています。たとえばＮＳＡは、ＦＢＩが使う盗聴防止用の周波数変換電話機に、毎日、異なったコードを提供しています。あるいは、大統領が核の発射ボタンを押すときに身分を確認する暗号コードの開発も、ＮＳＡが担当しています。

エシュロンの国際加盟国のうち、中心となるアングロサクソン五ヵ国は、アングロサクソン系の白人キリスト教国家です。そして、これら五ヵ国以外は、すべて盗聴と監視の対象になるのです。

アメリカ国防総省は、湾岸戦争以前から、情報戦争に備えて「情報戦争支援センター」（ＩＷＳＣ）を発足させました。一九九〇年代以前の冷戦時代には、ロシアの核潜水艦などの動向の把握が最優先目標でしたが、現在はちがいます。NSAはいま、国際ビジネス、イスラムのテロリスト・グループ、国際的な麻薬取引、核拡散関連の情報こそを、優先順位の上位に置いています。

たとえば、二〇〇一年九月一一日の「同時多発テロ」発生以降これまで、アメリカとヨーロッパの情報機関は、一〇〇件以上のテロの陰謀を、準備段階で事前に遮断しました。このうち五〇件以上は、アメリカの情報当局が処理しました。

この間アメリカは、イスラム原理主義組織の「アルカイーダ」を壊滅するために全力を傾けてきました。その結果、約四〇〇〇人に達したアルカイーダ要員のうち、八〇パーセント近くもが逮捕されたのです。アメリカの力は、まさに強大な知識、情報力に裏打ちされています。そして、その背景には、世界最強の通信情報傍受施設を運用するNSAがあるわけですね。

米韓が牽制し合ったケース

高　ここまで述べたとおり、軍事情報、インテリジェンス分野では、米韓は強力な協力関係を維持しています。しかし、民間部門のヒューミント分野では、おたがいに監視、牽制するケースもあります。

佐藤　どういうケースですか。

高　一九七三年八月八日に発生した金大中前大統領の拉致事件のケースなどでしょう。このとき金大中は、東京の九段にあるホテルグランドパレスで、在日韓国大使館の情報公使が指揮する六人の韓国中央情報部（ＫＣＩＡ）工作員によって拉致されました。

黒い袋に入れられた金大中は、大阪の港に停泊していたＫＣＩＡの工作船に押し込まれ、船は瀬戸内海を通って韓国に向かいました。最初の計画では金氏を玄界灘の海の中に沈めることになっていました。しかし、ＫＣＩＡの動きを追跡したアメリカのＣＩＡが、この件を日本の公安当局に緊急連絡。と同時に、ＫＣＩＡに対しても金大中を殺害しないように強く警告したのです。

金大中

さらに日米両国の意志が固いことをアピールするため、自衛隊基地から戦闘機をスクランブル発進させ、船に対して威嚇飛行を行い、警告しました。このため、金大中の殺害工作を中止せざるをえなかったのです。

当初、この威嚇飛行には、アメリカ軍機を使ったといわれましたが、実際には自衛隊機を使用したのです。先に述べたとおり、日米両国の強固な意志を示すためです。

この事件は、当時の韓国中央情報部長が、朴大統領の政治的なライバルであった金氏を抹殺するために実行した事件で、過剰に忠誠心を示したものでした。と同時に、日米韓三国の情報機関が入り乱れ、おたがいを監視し合い、牽制した事件だったのです。

アングロサクソン以外は非友邦国

佐藤　最先端の通信傍受などの軍事情報は、友好国同士の協力関係がうまく機能していますが、ヒューミント分野では、おたがいに監視、牽制するのが特徴ですね。

高　そういえますね。米韓は、軍事同盟関係にあるにもかかわらず、韓国系アメリカ人をスパイ容疑で逮捕した例もあります。一九九六年、当時、アメリカ海軍情報局に勤めていた韓国系アメリカ人、ロバート・キム氏が、在米韓国大使館の海軍武官、白東一大佐に国家機密を提供したという疑惑でＦＢＩに逮捕される事件が発生しました。白東一大佐は私と同じ時期に韓国国防省情報本部に勤務していた先輩です。白大佐は、韓国の海岸に潜入した北朝鮮潜水艦の航跡関連資料を収集しようとしてキム氏に接触したのですが、これとてとくにハイレベルな機密でも何でもありません。むしろ、米韓が共有すべき情報だったのです。

アメリカの情報機関は、アングロサクソン五ヵ国を形成するイギリス、オーストラリア、カナダ、ニュージーランド以外は、同盟関係にあっても完全な友邦だとは考えません。この四ヵ国以外は、どんな国でもアメリカの国益に対抗したり、あるいは裏切る恐れがあると考えているのです。

ちなみにロバート・キム氏は、七年六ヵ月服役して、二〇〇六年に釈放されました。

佐藤　そうですか。高さんもキム氏の気持ちがわかりすぎるほどわかるのではないでしょうか。

ところで事件当時、韓国政府の対応はどのようなものだったのですか。

高　ロバート・キム氏が逮捕されるや、「韓国政府とは無関係。ゆえに関心もない。アメリカの司法当局に身柄が移ったうえは、アメリカの法で執行されるべき」と、完全に傍観者的な立場をとりました。こうしてロバート・キム氏は、満期の七年六ヵ月も服役せざるをえなかったのです。

韓国の閣議の内容が金正日の元に

佐藤　少々話が本筋を逸れますが、スパイ事件で逮捕された、いってみれば「超大物スパイ」とされた高さんにお聞きしたいことがありました。韓国軍人が関与したもので、何か本当のスパイ事件めいたものはあったのですか。

高　韓国軍の場合、ハイレベルな秘密情報文書を扱うのは将校たちです。この将校たちはすべて、厳しい身元調査を通過してから軍隊幹部に任官されるため、これまで将校がスパイ事件に関わった事例はありません。スパイ事件はすべて、北朝鮮が送り込んできた民間人によるものばかりです。

佐藤　では、北朝鮮によるスパイ事件に対し、韓国のカウンター・インテリジェンスはどのような状況なのですか。

高　そうとう苦戦しています。なぜなら、北朝鮮のインテリジェンス能力は、世界でも一線級にあるからです。

　北朝鮮は外から見れば、田舎くさい貧しい国というイメージが強いでしょう。しかし、核技術、あるいはミサイル技術は、先進国の水準にあるといえましょう。ミサイルを中東に輸出した前例すらあるのですから。

　また特殊部隊も、世界各地にテロを指導する教官や軍事顧問団を派遣するなどしており、アメリカの海軍特殊部隊「シールズ」や、陸軍特殊部隊の「デルタフォース」「グリーンベレー」並みの戦力を持っています。とりわけ、スパイ工作活動は、冷戦時代に外国の政府を転覆させたCIAの水準に匹敵する高いレベルにあると見るべきです。

佐藤　韓国の大統領選挙にも、北朝鮮は積極的に介入しますよね。

高　確かにそうだと思います。韓国の盧《ノ》武鉉《ムヒョン》大統領も、北朝鮮の応援と宣伝・心理工作で当選したという話もあります。若い世代を煽動しながら、インターネットを通して、反米あるいは民族主義的な雰囲気を醸成し、保守右派候補者を落選させたわけですから。まさに、北朝鮮工作機関の高度な宣伝・心理戦の勝利だったと見るべきです。

　私が国防省情報本部に在職していた時代には、通信情報セクションが把握した、ソウル

金正日

から毎晩送信される暗号電波の発信地は、一四〇ヵ所にものぼりました。スパイ組織は通常一組が三名だから、定着していたスパイは、最低でも四二〇名ということになります。ただ、実際には、ソウル市内には約二〇〇〇名の定着スパイが潜伏しているという説が有力でした。これは、当時の国防省長官、李鍾九氏自身が直接確認し、証言しています。

ちなみに、一九九六年度に韓国に亡命した北朝鮮の高官、黄長燁氏の証言によれば、韓国には北朝鮮の定着スパイが五万人も潜伏し、そのなかには政府の高官も含まれているということです。韓国政府の閣僚会議の内容が金正日のデスクの上に置かれているのを直接見たという証言には、正直いって腰を抜かすほど驚きました。

佐藤　たしかに、驚くべきスパイ網、そして恐るべき能力ですね。

ホワイト工作員とブラック工作員

高　佐藤さんもご存知のように、スパイは「ホワイト」と「ブラック」に大別されます。ホワイトは外交官や政府から派遣された公務員に偽装したスパイです。相手国に駐在する情報工作員たちは、公式、非公式に会って情報を交換することが多い。だからこそ、世界では、情報工作員を国外に派遣する際に、書記官や参事官、領事というような外交官の肩書を与えることが多いのです。

彼らは駐在国の当局者とも接触して情報交換を行っています。このような要員の場合、身分を明らかにすることから、バックグラウンドがきれいで素性が知れているという意味で「ホワイト」と呼ばれています。そのため、在外大使館に赴任する外交官の多くは、「公式に認定されたスパイ」だともいわれているのです。

ホワイトの役割は、主に情報収集と任地でのロビー活動です。たとえば相手国の政治家に資金を提供して取り込み、自国に有利な政策を展開させるというような活動を行っています。ちなみに、金大中前大統領も、北朝鮮側から政治資金をもらったのではないかという疑惑が浮上したことがあります。

いっぽうブラック工作員は身分を隠して潜伏活動を行っています。名前も身分も隠し、別人に成りすまして潜入するのです。身分は、留学生、商社駐在員、マスコミ特派員など様々です。ブラック工作員の場合は本当の身元と役割を徹底的に隠すため、最後まで正体を隠して暮らしながら、現地人に化けることを試みるのです。現地女性と結婚しても、正体は絶対明らかにしないまま、妻にさえも身元を隠して生活するという厳しい状況のなかに身をおくしかないのです。

もっとも、二〇〇七年に表面化した事件、すなわち、東京にあった北朝鮮系の商社「ユニバース・トレーディング」を舞台にした家族の拉致・殺害事件では、ブラック要員たる北朝鮮人の夫の仕事を、殺された妻はなんとなく気づいていたようですが。

いずれにしろ、ブラック工作員は、いってみれば「現地に定着する固定スパイ」です。長い間身分を偽って潜伏生活を続けるのは、工作情報活動には、そのほうが有利だからです。そして、近い将来に発生しうる特殊任務を遂行すべく、息を潜めて生活している。たとえば、韓国や日本と北朝鮮が決定的な紛争状態に陥った場合、市街地のテロを仕掛けたり、後方攪乱工作を行うのがブラック工作員の任務です。その日のためにこそ、ブラック工作員は、一般人のふりをして生活し続けているのです。

三五号室と対外連絡部の役割

佐藤　長い間、祖国を離れて暮らしていると、思想が変わる者や、北朝鮮を裏切る者も出てくるのではないでしょうか。

高　そうですね。外交特権を持っている外交官の身分のホワイト工作員は、問題を起こしても、治外法権として不逮捕特権を利用し逃げられるのですが、ブラック工作員は、スパイ活動がばれた場合、相手国の防諜機関に捕まって抹殺される恐れもあります。また、そこからスパイ網が明るみに出て、組織が壊滅する可能性もあります。

佐藤　そんな事態を防止、監視することも、工作機関の重要な任務の一つなのですね。

高　はい。それを徹底的に監視するのが、かの有名な「三五号室」という工作機関です。北朝鮮には朝鮮労働党の傘下に「作戦部」「対外連絡部」「統一戦線部」「三五号室」という四つのスパイ工作機関があります。現在の三五号室は、かつての「対外情報調査部」の機能を強化した代表的なスパイ工作機関です。

北朝鮮では、政府機関よりも朝鮮労働党が絶対的な権力を握っているので、日本になぞらえて見れば、自民党がスパイ工作機関を総括しているような仕組みです。

佐藤　各工作機関の影響力はどれくらいあるのですか。

高　これら四つの工作機関は、それぞれ政府の各省庁並みの影響力を持っています。また、すべて平譲市内の大成区にある「三号庁舎」と呼ばれるきれいな建物に入っています。そして、四つの工作機関は独立しているものの、実際は全組織が連携して活動しています。なかでも最も活動的なのが三五号室と対外連絡部です。

佐藤　具体的な工作活動には、どんなものがありますか。

高　三五号室は韓国・日本以外の海外情報を収集したり、日本を含む第三国で、対韓対日工作活動を行っています。海外拠点は香港、ベルリンなど、アジアとヨーロッパの重要都市に散在しており、国際的なスパイ工作機関です。

三五号室の工作員は大部分が外交官の身分に偽装して、海外の北朝鮮大使館に配置されます。主な任務は、現地の韓国人と日本人の拉致、および、韓国、日本への合法的な潜入を助けることです。

一例として、一九八七年にインド洋上空で大韓航空機を空中爆発させた金賢姫《キムヒョンヒ》を挙げることができます。また安明進《アンミョンジン》氏をはじめ、大学教授のスパイ「ムハマド・カンス」(本名：鄭守一)と、一九八〇年に宮崎で原敕晁《はらただあき》さんを拉致した辛光洙《シンガンス》も、三五号室の前身である対外情報調査部所属の工作員でした。

教科書は『坂の上の雲』

佐藤　脱線したついでにおうかがいします。韓国のインテリジェンスに対する感覚は、日本に比べてずっと研ぎ澄まされていると思いますか。

高　よく日本は平和ボケだといわれていますが、水面下のインテリジェンス戦争においては、韓国も平和ボケといえるでしょう。

一九世紀、普仏戦争に勝利したドイツのプレドリック司令官は、次のようにいいました。「私がフランスとの戦争に勝利したのは何の不思議もない。フランス軍の司令官スビーズは二〇人の料理人と一人のスパイを持っているが、私は二〇人のスパイを持っているが、料理人は一人だけだ」。

また、日露戦争の勝利にも、明石元二郎《あかしもとじろう》大佐のすばらしいスパイ工作が大きく寄与したと思います。一〇〇年も前の明治時代に、ロシア語、フランス語、ドイツ語を使いこなしたという明石大佐の工作活動は、心からの尊敬に値します。

明石元二郎

このときは、ロシアは完全勝利を果たした日本と講和条約を結ぶしかありませんでした。ロシアという国は、ナポレオンの大軍団やヒトラーの機甲師団がモスクワまで侵攻しても降伏しなかったのですから、日本はすごいことをやったというしかありません。

余談になりついでに、私は海軍士官学校の教官をしていたときに、生徒に司馬遼太郎が書いた『坂の上の雲』を読ませていたことを付け加えておきましょう。同じアジア人の一人として、大国に立ち向かった当時の日本の軍人精神を知ってほしかったからです。

佐藤　それは、すばらしい試みだったのではないでしょうか。ただ、そんな知日的な高さんの行為も、もしかしたら、逮捕された際に考慮された点なのかもしれませんね。

特赦されたスパイが大学教授に

佐藤　歴史的に見れば、国際社会では、大物スパイが相手国の政権を転覆させたり脅かした事例はたくさんあります。

過去には「東西和解の父」と呼ばれた西ドイツのブラント首相が、一九七四年、政権について五年後に辞職したきっかけは、側近のギョーム補佐官が東ドイツのスパイだったという事実が露見したからです。ブラント首相の補佐官は東ドイツから西ドイツに偽装亡命したあと、長期間の潜伏期間を経て、当局の監視が弱くなった時期に総理補佐官に採用されたのです。

高　完璧に現地人に成りすまして活動する、ブラック工作員の典型ですね。

佐藤　一九九四年、アメリカで発生したCIA高官エイムズ氏の二重スパイ事件は、一時期CIAという組織の存亡までを脅かした大事件でした。CIAの旧ソ連担当責任者だったエイムズ氏が、旧ソ連のKGBから九年間にわたり一五〇万ドルを受け取り、CIA要員の名簿と工作情報を提供したという事件でした。

この事件は、一九九二年にアメリカに亡命したKGB要員の情報提供で発覚しました。エイムズ氏の二重スパイ行為によって、その間ソ連で活動していたCIAのソ連人協力者一〇名が逮捕されて処刑されました。また、それに加え、二〇件以上のCIA工作計画がソ連側によって阻止されたのです。

アメリカ最大のスパイ事件として記録されたこの事件によって、当時のジェームズ・ウルジーCIA長官が辞任するほか、CIAの機構縮小と、大改革が行われることになりました。

高　韓国でも、そうした大物スパイ事件が四件ほどあります。いちばん代表的な事件は、「ムハマド・カンス」というアラブ系東洋人に成りすました「鄭守一教授スパイ事件」です。

彼はアラブ系フィリピン人に成りすまして韓国に合法的に入国したのです。その後、檀国大学校のアラブ史教授になり、一二年間スパイ活動をしましたが、一九九六年に逮捕されました。外国人教授としてまったく疑われることがないほどのインテリ・スパイだったのですが、彼は五年間の服役を終えて二〇〇六年に特赦で釈放されました。そして思想転向して、驚くことに、大学教授に再任用されたのです。

これが韓国の現状ですが、いずれにしろ、日本を含む友好国とのインテリジェンス協力は、今後よりいっそう重要度が増すと確信しています。

第四章　日本人の情報ＤＮＡ――陸軍中野学校の驚異

北の工作機関と中野学校の関係

佐藤　では、ここでテーマを、陸軍中野学校の優秀性に表れる日本人の情報ＤＮＡに変えたいと思います。

私は、戦前・戦中の陸軍中野学校出身の人たちのうち少なからずが朝鮮半島に渡り、そのなかのかなりの人たちが、戦争が終わっても、しばらくのあいだ北朝鮮に残ったという話を聞いています。そのことと関連すると思いますが、旧日本軍の情報将校にも、朝鮮半島出身者がいます。そうしたことも含めて、陸軍中野学校と北朝鮮の関係について教えていただけますか。

高　国防省の情報本部にいたときは、「北朝鮮のスパイ工作機関が優れた工作活動をしているのは、日本帝国時代の陸軍中野学校の教科書を使ってスパイ活動のノウハウを覚えたからだ」と聞いていました。

佐藤さんがおっしゃるとおり、中野学校出身の人たちが北朝鮮に入り、戦後、しばらく日本に戻らなかったと考えるべきでしょう。北朝鮮が中野学校出身者の経験を利用して、一緒にスパイ工作機関を設立したのだと思います。

佐藤　陸軍中野学校の教材はとても興味深いのですが、そのなかに「暗記」という科目があるのには驚きました。それは文字どおり、記録のためには活字を一切使わず、すべて完全に暗記して、頭のなかにしまっておけということなのですね。畠山清行《はたけやまきよゆき》さんの『陸軍中野学校』という本によれば、この「暗記」の授業の先生として本物の「甲賀忍者」を連れてきたそうです。たしかに、忍者は暗記の達人なのですから。

また、その本には、数字は強くなかったけど、ありとあらゆる声色の模写、あるいは形態模写をすることのできる人が出てきます。これなんかも、甲賀忍者に通じる話なんですね。というのも、甲賀忍者は踊りがうまかったそうなのです。それはもう、芸者さんがびっくりするほどそっくりで、「この人、気持ち悪い」といわれたなんて話も書いてあります。

そうしたものは職人芸ですから、秘伝として口から口へ、人から人へ伝承されるわけです。また、伝承ということでいえば、甲賀忍者は代々襲名されるので、いってみれば家元なんです。家元制度をとる忍者というのもおもしろい存在ですよね。

高　IQが高いとか頭がいいとかではなくて、暗記力、記憶力がスパイには欠かせない能力の一つなのですね。

佐藤　朝鮮語にとても堪能で、北朝鮮情勢に詳しい毎日新聞編集委員の鈴木琢磨《すずきたくま》さんに教えてもらったのですが、彼の持っているきわめて信頼できる情報源の話によると、金正日は部下を褒めるときに、「お前は本物の中野（学校の出身者）だ」というそうです。鈴木さんは、金正日に直接仕えた人からその証言を聞いています。

そういえば、市川雷蔵《いちかわらいぞう》主演の映画『陸軍中野学校』を観ると、日本人と韓国人、そして朝鮮人が文化的には共通していることがよくわかります。それは、日本人が朝鮮半島のいろいろな文物を学んできているからなのですね。見方を変えると、日本流のインテリジェンスは、北朝鮮に適用可能であることがわかります。また、金正日が映画『陸軍中野学校』を観たことがあるという情報もあります。

高　だからこそ、北朝鮮は陸軍中野学校の教材を活用したのですね。さらに北朝鮮は、旧ソ連のＫＧＢや中国の情報機関、あるいは共産主義国家の諜報機関のテキストや経験からも学んでいます。そのなかでいちばん受け入れやすく憶えやすかったのが、陸軍中野学校の情報テクニックだったということなのでしょう。

戦後も活動していた中野学校

佐藤　陸軍中野学校の教材は現存しないということになっていますが、じつは直接、見ることができます。記憶に基づいて再現されたものが国立国会図書館に納本されています。その教材は、『陸軍中野学校』（中野校友会、一九七〇年）に収録されています。陸軍中野学校の卒業生たちが、「このままだとわれわれは死に絶えてしまって、記録が残らない」ということになり、憶えている記録についてはまとめようということになってつくられた本だそうです。

しかし、中野学校には「中野は語らず」という言葉があって、外部に対して仕事の内容については絶対にいわないという原則があるのです。したがって、記録に残すということはすべきではないという意見もあったので、一部の人は何も協力しなかったといいます。

また、一九四五年の敗戦後の活動については

吉田茂

書き残さないことになったといいますから、裏返していうならば、中野学校は戦後も活動していたことになりますね。

それから、内政に関する工作については書かないということも確認されました。たとえば、第二次世界大戦中の一九四五年一月に、外務省を退官して野に下っていた吉田《よしだ》茂《しげる》が、天皇に戦争終結の上奏文を提出した行為を反政府活動とみなされ、陸軍憲兵隊に逮捕されるという事件がありました。じつは、この一件には中野学校が深く関与していたのですが、そうしたことについては触れていませんね。

この本に書かれているのは、当時使っていた教材や勉強法についてです。Ａ５判で二段組み九〇〇ページというボリュームで、しかもすごく細かい字で書かれています。国会図書館に納本されていますが、ときどき古本屋に二五万円くらいの値段がついて流出しています。

高　どうしてそんなことを佐藤さんは知っているのですか。

佐藤　陸軍中野学校出身の人に教えてもらったんです。しかし、世の中には案外知られていません。

北の工作員との共通点

佐藤　初期の陸軍中野学校の教育方法は、北朝鮮のインテリジェンス工作にすごくよく似ているように思えます。後期になるとゲリラ戦が中心で、教育の性質がだいぶ変化します。

たとえば、忍者の世界には「草《くさ》」という存在があります。ある国に入って、その国の人になりすましてしまうスパイのことですが、中野学校の人や北朝鮮の工作員は、なりすますだけでなく、本当にその国の人になってしまうわけです。

要するに、「現地の人と結婚しろ」と教えているんです。だからといって本国のことを忘れろといっているのではなくて、逆に、かたときも忘れずにいて、何世代も待つのですね。こういうやり方は北朝鮮にとっては魅力的で、日本や韓国を対象にすればとてもやりやすいはずです。

高　それに関連していえば、日本人の幼児二人が拉致され、親御さんも殺された疑いのある事件が引っ掛かりますね。拉致の実行犯は、北朝鮮の工作機関の指示でつくられた貿易会社「ユニバース・トレーディング」にいた人間ですが、北朝鮮の工作員が拉致した被害者になりすまして、日本で生活していたといいます。

佐藤　偽装活動用の貿易会社をつくったというところがポイントなんですね。かつての陸軍中野学校の出身者も、南洋の貿易会社の社員になって出て行っているんです。

高　北朝鮮のやった拉致も、ことによると、陸軍中野学校のやり方を真似たものかもしれませんね。

佐藤　技法については共通するところがあります。ただし、アジアを誠心《まことごころ》で解放しようとした陸軍中野学校と、金正日王朝の保身だけを考えている北朝鮮の工作機関とでは、その基本となる精神がまったく異なります。

いずれにしても、長期間かけて別の国の人間になりすましていくという考え方を持って、本格的な人員養成をしたのは、インテリジェンスの歴史でも陸軍中野学校が初めてだと思います。もっとも外国の場合、キリスト教の宣教師を養成する訓練をちょっと転換すれば「草」をつくることができるので、各国のインテリジェンス機関はその手法を応用しています。

高　小さい子どもや横田《よこた》めぐみさんのような若い人を拉致して、長期にわたって、現地の人になりすますための工作教育に利用する。「長い期間工作できる人材を狙って、子どもや若い人を拉致した」という流れで考えるとわかりやすいですね。

佐藤　そう。そして、じつに卑劣です。しかし、陸軍中野学校はそのような卑劣な工作はしませんでした。繰り返しになりますが、技法の表面を似せても、陸軍中野学校と北朝鮮の工作機関では、その精神が違います。陸軍中野学校の場合、「謀略は誠なり」なので、相手国の無辜《むこ》の国民を拉致するような工作はしません。それでは相手国の国民の心を日本がつかむことができません。

高　はい、インテリジェンスの基本哲学に関する違いは重要ですね。

「謀略は誠なり」の精神

佐藤　ところで、フィリピンのルバング島から生還した元陸軍少尉、小野田寛郎《おのだひろお》さんも陸軍中野学校出身ですが、中野学校には本校と分校があって、小野田さんは分校の出身なんですね。静岡県の天竜市（現浜松市）にあった「二俣分校」で教育を受けたのですが、そこではゲリラ戦やテロ、破壊工作を専門に教育していたんです。

高　スパイ工作ではなく、ゲリラ戦特殊部隊の養成所だったのですね。

佐藤　そうなんです。だから、外国語なんかはやらなかった。「地下ネットワークをどうやってつくるか」といったことを中心に学んでいたんです。彼らのことを、戦前の日本では「残置諜者」と呼んでいました。ですから、日本は北朝鮮にも、残置諜者を残しているはずなんです。ただ、戦後、残置諜者たちは報告すべき日本の司令塔を失ってしまった。

高　そうすると、どうなるのでしょうか。

佐藤　その人たちの判断になりますね。だから、人によっては現地の、たとえばインドネシアの建国を助けた人もいます。

高　地元の人のために義憤に駆られてやったたというわけではない、ということですね。

佐藤　そう、ひたすら日本のためなんです。ただし、それが相手国の人々のためにもなるという連立方程式を立てます。

陸軍中野学校は、「謀略は誠なり」という精神で貫かれていました。それは要するに、真心から発する誠を貫くことができなければ大事をなすことはできないということで、「現地の人々に受け入れられないような謀略工作は、絶対に成功しない」とされていました。

高　中野学校がお手本としていたのが、日露戦争で日本を勝利に導いた明石元二郎大佐の工作ですね。明石大佐の工作によって、ロシアの二個師団がロシア本国内に足止めされたために日本が戦争に勝利したにもかかわらず、この事実は日露戦史に一行もありません。

佐藤　陸軍中野学校では、「功は語らず、語られず」を鉄則にしていたし、「地位も、金も、名誉もいらぬ。国と国民の捨て石となって野末に果てる」といっていました。

明石元二郎の工作にしても、当時ロシアの植民地だったフィンランドのシリヤスクという民族運動家に協力するという行動自体、シリヤスクとフィンランド人のために誠心から協力したものです。日本と協力することによって、フィンランド人が独立できる、つまりフィンランドの民族のためにやっているんですね。もちろん、シリヤスクに協力すれば日本の勝利に貢献することになる。こうして「勝利の連立方程式」ができるわけです。

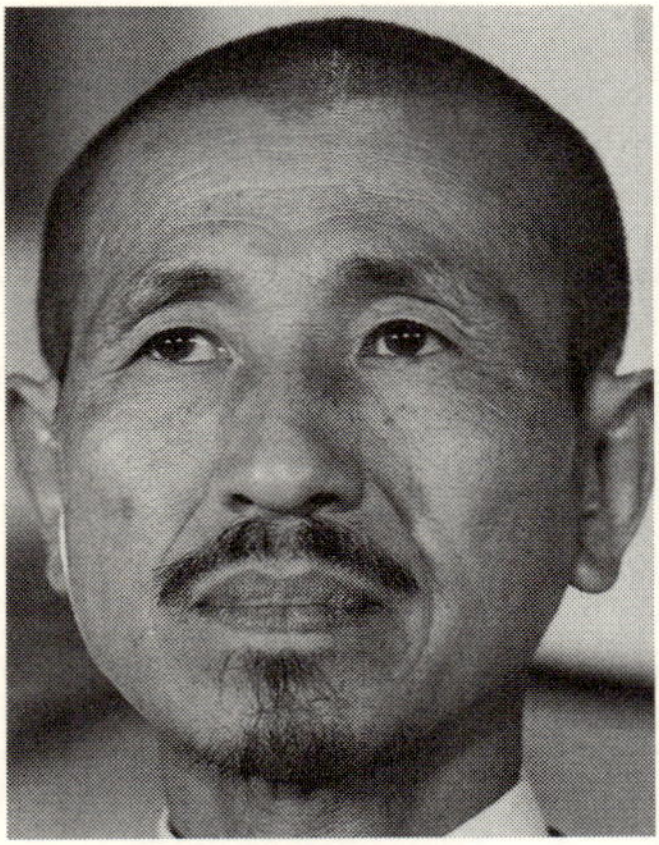

小野田寛郎

高　そういえば佐藤さんも、ソ連が崩壊する際、リトアニアの独立派を支えるような動きをしていますね。北方領土の返還交渉などを有利に運ぶためのことでしょうが、リトアニア政府からは、独立に寄与した外国人として表彰されています。明石大佐を彷彿とさせる働きといえますね。

佐藤　私はそんな大それたことはしていません。もちろん、高さんからそういっていただけると、うれしいですけれどね。

日本のために動いたゾルゲ

佐藤　中野学校の教えの基本は、本当の意味での「謀略」以外の方法でやってはダメということです。女で脅したり、金で買収するようなやり方では、本当の謀略はできないと。謀略は真剣勝負なのだからこそ、「謀略は誠なり」でないと通用しないということです。

高　明石大佐は、工作費として、いまのお金でいえば一〇〇億円くらい持って行ったといいますが、すばらしいのは、残ったお金をちゃんと持って帰ってきたというところですね。これはたいへんな愛国者ですよ。

他の国の軍人からの評価も絶大で、ドイツのヴィルヘルム二世は、「明石大佐は二〇万人の兵力に匹敵する」といっていますね。

佐藤　たしかにそうなのですけれど、正規の軍隊も強くないと戦争には勝てません。それと、軍隊のなかの一兵卒、官僚組織のなかの下っ端がバカでも、そいつが弾に当たって死ぬだけなのですが、隊長がバカだと部隊が全滅するということ。いまの日本の外務省を見ていると、バカな局長や大使がたくさんいるので、まさにその危険性があるのです。もちろん、明石大佐のようにお金を節約しようなどという発想もさらさらない。

高　関連する事柄ですが、インドの独立運動家だったチャンドラ・ボースと日本の関係はどうなんですか。

佐藤　戦時中、日本はインドに対する軍事工作のために「光機関」という組織をつくりましたが、これもまさに「謀略は誠なり」なんです。インドが独立するということは、チャンドラ・ボースにしても自分の良心に対してやましい話ではありませんね。日本としても意味があるということになります。あるいはインドネシアにしても、インドネシアの独立と日本の国益という「連立方程式」が解けるわけです。

いっぽう、優れたソ連のスパイだったリヒャルト・ゾルゲもまた、同じ動きをしています。ドイツと戦争をするとき、日本がソ連と戦端を開かないということと同時に、日本の平和をも考えた。そうすれば、日本の政治エリートが本気で協力してくれると見込んだのでしょう。戦争を回避するためにという名目で、内閣総理大臣のブレーンだった尾崎秀実《おざきほつみ》を味方にしていったわけです。

陸軍中野学校を模倣する北朝鮮

佐藤　ほかにおもしろいと思うのは、日本の陸軍中野学校がやっていた「風船爆弾」ですね。偏西風に乗せて、アメリカに飛ばすという壮大な戦略でした。こんにゃくと和紙で風船をつくるのも、それを打ち上げるのも陸軍中野学校の仕事だったのです。

高　じつは韓国でも同じことをしているんですね。ビラや写真、ラジオなどを浮き袋に入れ、北朝鮮に向かって流すわけです。いまはやっていませんが、これは情報部隊の心理戦の一つです。

佐藤　北朝鮮も同じことをしていました。方角から考えると、北朝鮮のほうがやりやすいのですね。風船爆弾は偏西風を使って流しますから、東側にある国に対してしか使えない作戦なんです。だから、日本に対しては、アメリカは絶対に使えない。日本の傑作中の傑作といえる作戦なんですね。

ほかにも陸軍中野学校の重要な工作活動といえるのが「法幣作戦」——要するに偽札作戦ですね。川崎に陸軍登戸《のぼりと》研究所という秘密機関があって、ここは陸軍中野学校と裏表の関係にありました。じつは、この研究所で偽札をつくっていたんです。そして、その偽札は、蔣介石が占領している中国の領域で、物資を買い付けるときに使われました。また、「法幣作戦」にはもう一つの狙いがあって、それは通貨の供給量を増やすことによって中国にインフレを起こし、経済的な打撃を与えるということです。

さらにすごいことがあって、日本は途中で香港を接収しましたが、香港上海銀行は発券銀行でしたから、香港上海銀行の造幣機を日本に持ってきて、登戸で偽札を刷っていたんですね。事実上、真正のお札を刷っていたというわけです。こうした工作は、いま北朝鮮がやっている偽札の「スーパーノート」によく似ています。

高　北朝鮮は中野学校のやり方をそのまま取り入れてやっていたんですね。

佐藤　ですから、高さんのお話と僕が聞き込んできた話をつき合わせて、実際に北朝鮮のやっていることを検証してみると、もともと日本人が考えたことを北朝鮮が真似しているのですね。「工作員の養成」「『草』を植えつけるようなやり方」「風船や気球の使い方」「偽札戦略」……どれも日本の戦術でした。

したがって、北朝鮮のスパイ体制やスパイ工作に対抗していくためには、陸軍中野学校の歴史を調べ直し、自分たち日本人は過去にどういうことをやっていたのかということを研究する必要があるのです。そのうえで、しっかり中身を押さえてから、カウンター・インテリジェンス（防諜）をする必要があります。

高　おっしゃるとおりですね。そして、私はそんなに時間は掛からないと思いますよ。

佐藤　はい。二、三年もあれば十分でしょう。自分たちがかつてつくったノウハウなのですからね。

日本の大学の不思議

高　さらにいえば、日本は本当の意味での情報機関を立ち上げる時期に来ているのではないでしょうか。日本人は元より情報センスが優れているといわれています。世界最小のカメラをつくるほか、胃腸のなかを撮影できる内視鏡を発明したのも、日本人のハイレベルな情報感覚の証だと思います。

だから日本が本格的な情報機関を設立したら、ＣＩＡを凌駕する世界第一の情報機関に進化するだろうと思います。

佐藤　高さんはとても重要なアドバイスをしてくれました。しかし、たとえば、いま日本に情報機関をつくろうとすると、おそらくアメリカやイギリス、ドイツや韓国の事例を研究するでしょう。しかし、かつての日本は何をしていたのか振り返ってみようという発想が稀薄なんです。

昔の日本のノウハウを真似している北朝鮮にキリキリ舞いさせられていることに、日本人は早く気づかなければなりません。そのためには、高さんが参画されているようなフォーラムなどに国の予算をつけて、そこで集中的に研究するということも考えていくべきだと思います。

高　私は現在、拓殖大学大学院の安全保障専攻博士課程に籍を置いていますが、かねてから不思議に思うのは、日本の大学に安全保障や国防、セキュリティー、エネルギー資源関連の学部・学科がないことです。欧米各国をはじめ、韓国にもそうした学部はあるのに、日本だけが例外です。これは、私だけでなく、日本の有識者も口を揃えて「おかしな話だ」といっています。

佐藤　まだまだ、意識が遅れているわけです。「インテリジェンスなんて、要するにスパイなんだから悪いことなんだ」といって封印している。同時に、「戦争は悪いことだし、あってはならないことだから、そういうことは考えてはならない」となるわけです。

CIAを凌駕する商社の情報力

高 ところで、世界中に張り巡らされた海外の支社や現地法人を持つ日本の総合商社についてですが、私は情報収集能力という点で、アメリカのCIA（中央情報局）を凌駕していると思っているのです。日本は戦争に敗れ、軍隊をはじめとした政府の情報機関を持っていませんが、総合商社という民間レベルでのグローバルなネットワークは、むしろCIAよりも情報力を持っていると思います。事実、政府レベルの情報機関の情報源は、ほとんど民間からなのです。

佐藤 ただ、総合商社の目的は「金儲け」ですからね。目的は思想とも関係してきますが、韓国の場合はそこのところがすごくはっきりしていて、冷戦体制下から、下手をすれば、北朝鮮の侵略によって国家がなくなってしまうというところで生きてきた。ですから、国家体制の維持という目的がはっきりしていましたから、インテリジェンスがきちんと市民権を得たのだと思います。日本はいま一つ、そこのところが曖昧でした。

高 しかし、日本の総合商社のすばらしさは否定できないでしょう。たとえば、ベトナム戦争や中東紛争、湾岸戦争などでも、その実力を発揮しました。もちろん目的は金儲けなのですが、現地の社員たちが現地の様子を正確に把握しており、戦争が発生する兆《きざ》しなどの情報はとても早かった。

佐藤　戦争が起きるか起きないかという判断は、「どんな資材が必要になる」となって、ビジネスに直結していきますからね。

高　そう、ビジネス情報が国家情報につながるというわけです。ちなみに、伊藤忠をグローバル企業に成長させた瀬島龍三氏は、ベトナム戦争の発生をその三ヵ月前から予測して、CIAを驚かせたという前例があります。当時、記者会見で、瀬島氏は次のように答えました。「私がベトナム戦争発生をいち早く予測できたのは、特別な情報源からではない。その情報の出所は、大部分、国内外の新聞記事だ。一つの目的意識を持って新聞記事を読むと、高い水準の情報判断が生まれる」。これなどは代表的な例でしょう。

佐藤　なるほど、おっしゃるとおりです。

情報を取るとき、目的によって必ず質は変わるものです。たとえば、「この部屋の空調の音が聞こえますか」と尋ねられると音が気になるようになる。でも、そういわれるまでは気がつかなかったはずです。「空調の音が聞こえますね」といわれたから聞こえるようになった。そして、いままでまったく気にならなかったのに、気になって仕方なくなっているはずです。

これをハイデッガーは「用在性」といいました。要するに、普段は郵便ポストがどこにあるかなんて気になりませんが、出さなくてはならない手紙がポケットに入っていると、ポストがどこにあるのか気になるということです。「『もの』というのは、すべて用在性であり、純然たる『もの』はない」とハイデッガーはいっています。

じつは、インテリジェンスにも同じことがいえるんですね。目的さえわかれば、いままでのものが違って見えてくるものです。たとえば、畠山清行さんの『陸軍中野学校』も、娯楽の一つとして読めばただのスパイ物語かもしれませんが、現実に自分が情報の組織をつくり上げなければならないという状況で読めば、この本のなかに出てくるエピソードの一つ一つがリアルに迫ってくるはずです。

高　つまり、総合商社の目的はお金ですから、同じ事象に対する評価が変わってくるということですね。

佐藤　そのとおりです。

陸軍中野学校の卒業試験とは

佐藤　たとえば、陸軍中野学校というのは、自分たちが中野学校の関係者かどうかがわかるように、中野学校の歌をつくっていたんです。そして、その歌は身内しか知らないようにするわけです。

また、中野学校の卒業試験というのは、別の人になりすますことなんですね。身寄りのない人の戸籍を取ってきて、その人間になりすましてしまう……。

具体的な話をすれば、北方領土問題や沖縄返還運動で活躍した末次一郎《すえつぐいちろう》さんという人は中野学校の出身なのですが、「末次一郎」というのは、もともとの戸籍にあった氏名ではありません。本名は「末次始《はじめ》」です。ところが、陸軍中野学校を卒業するときのコードネーム（組織名）が「宮崎一郎《みやざきいちろう》」でした。

この「宮崎一郎」こと末次始さんは、戦時中に起きた油山事件に関係したため、戦後GHQに追われることになりました。油山事件というのは、B29のアメリカ兵捕虜十数名が日本の軍法会議で死刑をいいわたされ、日本兵が日本刀で首を切って処刑したという事件です。

では、この事件のどこに問題があったのか。日本は裁判にかけて、軍の手続きをとって、無差別爆撃という国際法に違反した行為を行ったとしてから、アメリカ人を銃殺にすれば問題はなかったのです。しかし、日本刀で首を切り落としてしまうというのは、「残虐な行為」「捕虜虐待」になります。

さらにここでのポイントは、文化が関係してくるということなんです。つまり、イスラム諸国でもキリスト教国でも同じですが、死者の復活が教義で定められています。首を切ってしまったら、最後の日に復活ができませんね。ですから、キリスト教、ユダヤ教、イスラム教文化圏では、首を切り落としたり火葬にしたりするのは禁じ手なんです。「いくらなんでも復活できないほど悪いことはしていないだろう」というのが一神教文化圏の一般的な感覚なんですね。

だから、捕まればBC級戦犯になるのはまちがいないと思った末次さんは、北海道などに潜伏していました。そして、何年か経ってから新橋に靴磨きとして現れるのです。それからは日本の青年運動のネットワークをつくったり、巣鴨の戦犯たちの救援運動を始めたりして、右派のネットワークをつくるわけです。その後、一九五一年に日本が独立を回復すると、もうこれで捕まることはないと考えて、名前を元の「末次」に戻すことにしました。しかし、「宮崎一郎」という名前になじんでしまったものだから、間をとって「末次一郎」にしたわけです（笑）。

でも、末次さんは、たしかに「宮崎一郎」という戸籍を取っているんです。当時、空襲で亡くなった身寄りのない人だということです。

スリや金庫破りを講師に

高　こうして具体的な話をうかがっていると、ますます中野学校のやり方を振り返るべきだと思うようになってきました。

佐藤　たとえば、「偽札」を考えたとき、たしかにその後、技術は進歩していますが、基本的な概念は日本がつくったことなんですね。インテリジェンスというものは、技術は進歩したとしても、その基本哲学は孫子の時代から変わっていません。

もう少し陸軍中野学校についていえば、当時はいろいろおもしろい授業があったようですね。たとえば、府中刑務所からスリの親分を呼んできて、スリの講義をしていたといいます。すれ違いざまに相手の書類をどう盗むか、なんてことをやっているんですね。それから、映画の『陸軍中野学校』に出てきますが、金庫破りの泥棒の名人を講師にした授業もありました。

また、学生たちを連れて、神楽坂の芸者のいる店に飲みにいくんですね。それでさんざん飲んだあと、どれくらい乱れないでいられるかという訓練もしている。ありとあらゆることをしていたんですね。

ほかにも、大学で仏教学を勉強し、お坊さんの資格を持っている陸軍中野学校出身者を連れて行って、内モンゴル工作をするわけです。日本に協力的な、ラマの生まれ変わりを擁立し、内モンゴルの王様にするとか、そういうこともやっているわけです。

高　ただ、いまそれを日本の自衛隊に落とし込もうと思っても、受け皿がありませんね。

佐藤　そうですね。日本の戦前のインテリジェンスというのは特務機関方式なんです。「情報の神様といわれている人」「情報のことがよくわかっている人」に、現在の貨幣価値に換算して、五億とか一〇億という額の莫大な資金を預けて、「情報を取って来い」というだけ。そうしたやり方は、中国とかインドネシアではうまくいきましたが、うまくいかない国が一つだけあった。それはソ連です。

最初のころはそれでもうまくいっていたのですが、一九三〇年代に入ると、ソ連は合同内務人民委員部（ＮＫＶＤ）をつくり、都市に住んでいる国民全員にパスポートを持たせて相互密告制を敷くようにした。パスポートがないと列車の切符も買えないようになってしまった。

その結果、それまで養成していた日本のスパイがことごとく捕まってしまいました。さらには、その後、訓練したスパイをハルビンからソ連に送り込んでも、すぐに捕まってしまうようになったのです。

このままのやり方じゃダメだということで、日本はまったく新しい諜報システムをつくる必要に迫られました。そこで創設されたのが陸軍中野学校なんですね。創設に当たって中心的な役割を果たしたのが、「ソ連情報の神様」といわれた秋草俊《あきくさしゅん》です。

陸士出身者を採用しなかった理由

佐藤　ハルビンの特務機関のトップであるハルビン機関長だった秋草俊のおもしろいところは、初期の後方勤務員養成所（陸軍中野学校の前身）に陸軍士官学校出身者を採用しなかったことです。採用しなかった理由は、軍人には軍人特有の癖が付いていて、その鋳型《いがた》から離れられない、ということでした。そのため秋草は、戦後東京大学となる東京帝国大学や、あるいは東京外国語大学となる東京外事専門学校、また、早稲田や慶応といった私学を卒業した者を採用しました。そして、「お前らは『とりあえず軍隊で箔《はく》をつけて、シャバに戻ってからゆっくりキャリアをつけよう』などと思っているかもしれないが、そんなことは忘れて、国のために命を預けるんだ」という教育をしていったのです。

また、中野学校にいろいろな言葉が残っているのですが、なかでも秀逸なのが「諜者は死せず」です。日本は「戦陣訓」で「生きて虜囚の辱《はずかし》めを受けることなかれ」といっていましたが、中野学校では逆に「捕虜になれ」と教えられます。海外には「日本の将校は捕虜になることはない」という先入観があったので、それを逆手にとって、捕虜になってニセ情報を流し、相手を混乱させるというわけです。あとは各自燃え尽きて、石炭ガラのようになって道端に捨てられる——そういう役目だけをやるのだという覚悟を持った人間をつくることも、中野学校の大きな役割でした。

高　軍人は思想や考え方が偏っていますから、一般大学を出て、世の中で幅広い知識や常識を持っている人間のほうが、プロの工作員、スパイとしては望ましいという評価が韓国にもありますね。だから、韓国軍では、情報将校はほとんど一般大学の出身者です。

佐藤　そういえば、高さんも一般の大学出身でしたね。

高　海軍士官学校と海軍大学を卒業しましたが、その前に韓国の朝鮮大学校という私立大学を出ています。その大学は、私立大学のなかでは名門といわれていて、とくに法学部や医学部は全国トップクラスです。

佐藤　それは秋草俊も同じように、「地方人（職業軍人でない人）でないとそういうものは持っていない」といっているんですね。陸軍中野学校を伝えるうえでとてもおもしろいエピソードがあって、ある日のこと、学生たちが話をしていて、「天皇」という言葉がでた。すると、みんな直立不動になったというのです。

当時としては当たり前のことなんですが、秋草俊は「バカモノ！」といって怒鳴りつけました。「貴様ら、天皇という言葉を聞いて直立不動の姿勢をとるのは軍人だけだってことがわからんのか。お前らは背広姿で民間にまぎれているんだぞ。天皇という言葉を聞いてそんな態度をとったら、日本の軍人だと一発でばれてしまうじゃないか。そもそも天皇も人間だ。そこのところを考えて行動しろ」といっているんですね。

こんな教育を戦前にやっていたのが陸軍中野学校なのです。天皇という存在を題材に、「常識を疑え」という教育を徹底していたことを示すエピソードです。

高　彼らは日本国家と日本民族のために尽くしたわけなのですね。ですから、戦後、天皇という現人神《あらひとがみ》が「人間」になっても、自然にそれを受け入れることができたのかもしれませんね。

佐藤　そうなんですね。国家と民族に対して忠誠を誓うという考えを徹底的にすることなんだと思います。

高　私の場合も、忠誠の相手は国家と民族でした。

ハニートラップが効かない国々

佐藤　ところで、少々脱線しますが、これまで北朝鮮が女性を使って工作したことはあるのでしょうか。たとえば、ＳＥＸを使って政府高官と友だちになって情報をもらうというようなことはなかったのでしょうか。

高　日本の帝国主義支配が終わった一九四五年から朝鮮戦争が休戦する一九五三年までの八年間、北朝鮮の女性スパイが韓国の国会議員や高級官僚に近づき、恋愛関係になって情報を本国に流していたということがありました。

佐藤　最近はありますか。

高　一九七〇年代、一九八〇年代には、韓国内に北朝鮮労働党の地下組織を作った北朝鮮の女性スパイが二人いたことが確認されていますが、年齢が高かったこともあり、ＳＥＸ

スキャンダルというのはありませんでしたね。

佐藤　そうですか。日本関連で、強いて「ハニートラップ」事件をあげるなら、二〇〇四年五月に上海の総領事館の電信官が自殺した事件ですね。その電信官は総領事館と外務省の間の通信事務を担当していて、機密性の高い文書を扱っていました。その彼が中国のハニートラップに引っ掛かり、自殺にまで追い込まれた。しかし、あのハニートラップは、電信官が偶然、中国人女性と恋愛関係に陥ったところで、途中から中国のインテリジェンスが介入してきたという形だと僕は見ています。憶測ですが、誰にも相談できないことがあったんじゃないのでしょうか。

でも、不思議なもので、日本のマスコミや政治家、さらに大学教授も、ハニートラップの話が好きなんですね。でも、論理的に考えればわかることですが、女性と関係を持つということと、それゆえに国を裏切るということの間にはギャップがあるんです。女性と関係を持っても、必ずしも国を裏切るかどうかわかりません。

ハニートラップという工作が絶対に使われない地域もあります。それはアラブ諸国です。というのも、ハニートラップで送り込まれる、女性に対する感覚が「奴隷」に対するみたいなものだからです。たとえば、ある政府高官に奥さん以外に付き合っている愛人がいて、二人のケツが写っている写真を見せたとします。しかし、彼はまったく恥ずかしがらないはずです。

これはイスラム教のドクトリンにも関係があります。宗教というのは、ＳＥＸに関するモラルについて、ふたつの類型があります。標準的なモラルをどこに置くかという問題になってくるのですが、「人間がＳＥＸを好きなのは当たり前だ。何が問題なのだ」というのがイスラム教文化圏の考え方です。いっぽう、「それは抑えなければいけない」という禁欲的なモラルを置くというのがキリスト教文化圏です。ですから、儒教的なモラルの国や禁欲的なモラルの国でしか、ハニートラップは使えないんです。

高　やはりイスラム教の国では、複数の女性とのＳＥＸは当たり前のことですから、使えないということになりますね。

佐藤　ただし、ぜんぜん別のものをスキャンダルとして使えます。たとえば、「豚肉を食った」というのは致命的なスキャンダルになるかもしれません。あるいはイランなどでは、公の席で酒を飲んだりしたら大問題です。まずまちがいなく失脚しますね。

ハニートラップで本当に怖いのは、本物の恋愛関係に介入してきたときです。たとえば、アメリカに赴任している日本の外交官が、東洋系のアメリカ人女性と付き合って結婚したとします。それから何事もなく二〇年くらい経ったところで、「あなたも会ったことのある親戚のおじさんだけど、じつは、いま北朝鮮にいるの」と告げられます。そして、なぜかその人物は、北朝鮮外務省で日本、アメリカ、韓国の相互関係を担当していたりするのですが、しばらくすると、その親戚のおじさんから連絡が来て、「ときどき会って話を聞かせてくれないか」という話になる。

このように、ハニートラップでも、本当の恋愛や恋愛結婚でできた家族に入り込んでくるというほうが怖いわけです。

ハニートラップの上をいく手法

佐藤　それにしても、いまの中国はインテリジェンス機関の実態がはっきりしていませんね。中国政府というのは、「中国人ならば情報を政府に教えて当たり前だろう」という感覚があるので、アメリカ人などにしてみれば中国人は全員スパイに見えるのですね。

でも、じつは日本人にもそういうところがあるんです。たとえば、高さんが巻き込まれて逮捕勾留された事件でも、普通ならジャーナリストが自分の情報源からもらった情報を駐在武官に流すことはまずありません。ヨーロッパとかアメリカなら、そこのところはきわめて厳格に線引きがなされます。しかし、日本人の世界では「なあなあ」になってしまっています。

日本以外では、韓国や中国も同じようなメンタリティーではあるのですが、ヨーロッパの感覚だと、「このジャーナリストはじつは政府機関の人間で、ジャーナリストを偽装しているのだ」、そして、「だから、自分の本当の上司である駐在武官のところに持っていったんだ」となる。このあたりの感覚は文化の問題なんですね。したがって、インテリジェンスは文化に合わせた形でやるというのが鉄則になります。

そう考えると、日本でインテリジェンスをするなら、ハニートラップよりもっと有効な方法のあることがわかります。それは、中学、高校、大学というレベルの同級生——とくに、中学と高校が狙い目ですね。昔の友だちを装いアプローチしていくのですが、二〇年ぐらい経って同窓会が始まると、また、親しく付き合い始めて、仕事の話などをしているなかで北朝鮮や中国と関係があることがわかってくるわけです。「じつは俺な……」という話ですね。それとも、同窓会で久しぶりに会って、元同級生の人妻と盛り上がってベッドの上で「じつは私……」となる。ありそうな話だと思いませんか。

高　とても迫力のある話ですね（笑）。

対日インテリジェンスの古典

高　ところで、インテリジェンスの世界では、歴史や文化はとても大事なことですね。一つの例を挙げるなら、アメリカによるイラク侵攻ですね。ひどい泥沼状態になってアメリカは苦労していますが、原因はイラクの文化を研究しなかったことだと思いますね。逆に、第二次大戦のあとアメリカは日本の占領政策をとてもうまく進めましたが、それはアメリカに優秀な日本研究家がいたからなんですね。

佐藤　たとえば、ルース・ベネディクトですね。『菊と刀』は今でも対日インテリジェンスの古典です。

高　そうですね。占領軍は彼女の書いた本などから日本の生活習慣や文化を理解し、あらゆることを把握して乗り込んできました。だからアメリカの占領政策は成功したんですね。でも、イラクに対してはそういう文化や歴史の勉強をせず、もっぱら武力を前面に押し出しました。それが泥沼状態を招いたといってもいいはずです。もっといえば、情報戦および民衆心理戦の失敗だと思います。

佐藤　文化という観点でいえば、過去の日本と韓国の関係にしても、日本の調査は不十分でしたね。日本の右派思想の第一人者で、葦津珍彦《あしづうずひこ》という理論家がいました。日本の右派、国家主義陣営の中心的イデオローグであり、在野の神道史研究の大家で、神社本庁創設の中心人物です。戦前、東条英機《とうじょうひでき》内閣批判のビラを帝国議会の議場でまいたり、天皇制支持の寄稿が雑誌ごと廃棄処分された一九六一年の「『思想の科学』事件」でも有名ですね。

この葦津先生のお父さん、葦津《あしづ》耕次郎《こうじろう》も著名な右派思想家でした。葦津耕次郎は、朝鮮神宮をつくることに反対しましたが、その理由は、韓国というのはもともと自分たちの伝統と文化と神様を持っているのだから、もしどうしてもつくりたいのなら、天照大神《あまてらすおおみかみ》じゃなくて朝鮮建国の祖とされる檀君《だんくん》にしなさいといっていたそうです。日韓併合についても、おたがいに対等な立場で二つの国が一緒になるという考え方じゃないとだめだということを戦前にいっていたのですね。でも、日本の官僚たちはその意味がわからなかったのです。

高　対等の立場で相手の文化や歴史を理解しないと、情報戦や民衆心理戦はうまく機能しないというわけですね。

佐藤　だから、神社を押し付けるようなことはだめだといったわけです。日本ももっと韓国の歴史を勉強して、檀君の存在を理解したうえで尊敬する気持ちを持つことがすごく重要なのだと思いますね。

ゾルゲ事件でいちばん得した国は

高　話は変わりますが、リヒャルト・ゾルゲの場合はどうですか。

佐藤　ゾルゲは女を使って情報をとっていましたね。ゾルゲという人物は、とても特殊なスパイだと僕は思います。ドイツとソ連の二重スパイだったんじゃないでしょうか。

スパイの世界で重要なことは二つあって、一つ目は、「誰の命令を受けて」「誰に報告しているか」です。ゾルゲは、モスクワの赤軍第四本部の指令を受けて、モスクワに答えています。ところが、電信をやっていたクラウゼンという人は、途中から自分の商売が儲かりだすと、仕事に身が入らなくなって電報をいい加減に打つようになったわけです。

さらに、もう一人ゾルゲに指示を出している人がいます。それは、駐日ドイツ大使館のオットー大使です。オットー大使からの指令に対して、ゾルゲは忠実に情報を流して答えていることははっきりしているので、ドイツのスパイであることはまちがいありません。

では、誰から金が送られてきたのか。ソ連は途中から金を送らなくなったのですが、オ

リヒャルト・ゾルゲ

ットー大使はゾルゲに最後まで金を送り続けました。こうして考えていくと、ゾルゲはどちらかといえばドイツのスパイだったとするのが自然です。ソ連のスパイはアルバイトでやっていたようなものだったのでしょう。

高　アルバイトですか。

佐藤　そうです。ただ、じつはゾルゲ自身は、自分が何者であるかを最後までわからなかったんじゃないでしょうか。ですから、ドイツ側はゾルゲが逮捕され、処刑されたことに不満を持っていました。逮捕されたあとも、ゾルゲを支援しています。

第二次世界大戦中も、日本はドイツを「潜在敵国」として警戒し続けていました。ゾルゲ事件によって生まれた日独間の不信は、戦争が終わるまで解消されなかったのです。だから、ドイツ大使館員やドイツのジャーナリストも監視されていました。日本とドイツの本格的な交流は、戦争が始まってから少し時間が経った一九四二年くらいからにすぎません。それまでは、メッサーシュミットの航空技術や、あるいは軍事的な打ち合わせは、ほとんど行われていません。

私はすごくうがった見方をしていて、インテリジェンスの世界での定石《じょうせき》、つまり誰がいちばん得をしたのかと考えるのですね。そういう視点からいうと、ゾルゲ事件というのはイギリスが嚙んでいるんじゃないかと見ているんです。

私の臆測を素直に述べるならば、要するに、「ゾルゲっていう奴がなんかおかしなことをしているぞ」ということを、ちゃんとわかるようにして、イギリスから日本にシグナルが送られたんじゃないかと思うのです。結局、その目的は、「日独離間」、つまり仲間割れを起こさせることなんですが、事実、日独は仲間割れにまでは至りませんでしたが、相互不信が生じました。その結果、イギリスやアメリカは得をしたけれど、ドイツはまったく得をしていません。むしろ、その後遺症をずっと引きずっている。

高　イギリスが糸を引いていたとは、考えたこともありませんでした。

世界中で活躍した日本の特務機関

佐藤　これに関連することですが、僕がずっと気になっているのが、すでに触れた一九四五年の「吉田茂逮捕」なんです。「吉田茂逮捕」を指揮したのは、陸軍中野学校から生まれた、国内の政治家や高級官僚を調べるという「ヤマ機関」でした。白洲次郎《しらすじろう》なども吉田茂のネットワークに絡んでいるわけです。

　そして、ソ連が参戦して戦勝国になれば、ソ連は日本に大きな影響力を持つようになるはずでした。これは私の見立てですが、「吉田茂事件」は、それを避けるために、日本の政治エリートの一部グループが、イギリス、アメリカと和平をまとめようとした動きだったのではないでしょうか。

「ヤマ機関」はその動きを正確につかんで、吉田茂逮捕に踏み切ったのではないでしょうか。ドイツのジャーナリストで、日本語がうまいわけでもなく、ただ学識があって機転が働くといったゾルゲ程度の人間でも、総理の側近だった尾崎秀実に食い込むことができたのです。ゾルゲが尾崎と接触したときは、上海で培った人脈を使っています。しかし、彼程度の人間でそこまで近づけたということなら、日英同盟を結んでもっと深く付き合っているイギリスが、ゾルゲ以上の情報網を持っていないはずがない。私にはそう思えてならないのです。ですから、日本国家の最高指導部を巻き込んだ、何か大きなイギリスがらみのオペレーションがあったのではないかと思えてくるのです。

高　情報や諜報が、世界や歴史を変えるときがあるのですね。

佐藤　そう思います。もちろん、謀略史観に陥ってはいけませんが、ただ、白洲次郎については、もっと調べてみると、いろいろなものが出てくると思いますよ。

高　ちなみに、戦時中スウェーデン大使館の駐在武官だった小野寺信《おのでらしん》陸軍大佐もその当時、「日米開戦不可ナリ」という貴重な情報および講和条約の提案を、参謀本部に三二回具申しましたが、無視されていますね。たとえば、ソ連が日本との中立条約を破棄して、ドイツ侵攻の三ヵ月後に対日参戦するという情報を打電しましたが一顧だにされませんでした。

白洲次郎

やがて、ぎりぎりの状態で、大本営は小野寺大佐の講和提案を受け入れて、英米と親しいスウェーデン王室に日米講和の仲介を依頼しましたが、あまりに遅すぎたため、講和交渉は間に合いませんでした。こうして日本は、広島と長崎に原爆が投下されるという悲劇を経験することになります。現場の情報報告に基づいた戦争の指導力がなかったのですね。

同じように朝鮮戦争でも、北朝鮮が攻めて来る直前まで四一七回も侵攻の可能性を報告しましたが、上部はこの情報を過小評価したまま、北の奇襲攻撃にやられてしまいました。目に見えない情報戦がいかに重要なのか、それを物語る教訓です。歴史は繰り返します。現在の北朝鮮の脅威に関する情報も、

小野寺信

過小評価してはいけないはずです。

佐藤　小野寺さんのことは、どういうわけか日本に記録がありませんね。ほかに、スイスに海軍の藤村機関というのがありました。それは、アメリカのアレン・ダレス（後のCIA長官）に接触しているんですね。このへんもうまくいかないんですが、その後、藤村さんはアメリカの占領政策に協力する、とても重要な人物になります。

それと、戦時中の日本のインテリジェンスでいちばんおもしろいのは、スペインにあった須磨機関の「TO作戦」です。「TO」というのは「盗」と「東」を引っ掛けています。

どういうことかというと、ワシントンのスペイン大使館を通じて日本の情報網があった。つまり、日本がワシントンに残した諜報網を、中立国であるスペインに頼んで動かしてもらうようにしたということなんですね。

こうして、スペインのマドリッドからアメリカ軍の動向やアメリカの民情について東京に情報を送っていた、ワシントン―マドリッド―東京という流れだったわけですね。これを指揮していたのが須磨大使だったというのです。

鈴木宗男疑惑が本格化し、私は二〇〇二年二月末に麻布台の外交史料館に異動になるのですが、そこではこの「ＴＯ作戦」の電報を探して読んでいました。相当レベルの高いインテリジェンス工作を、日本が、アメリカ本土でも行っていたことはまちがいありません。

第五章　北朝鮮はどうなる

韓国大統領を決める北の工作

佐藤　さて、北朝鮮情勢が今後どう動いていくかという点ですが、高さんはどう見ていますか。高さんは近い将来に大変なことが起きると発言されていますが、北朝鮮の元旦恒例になっている労働新聞、朝鮮人民軍、青年前衛による三社共同社説でも、「韓国の保守反動派が大統領選挙で出てくるなら、われわれは断固たる措置をとる」といういい方をして、あきらかに選挙に介入する姿勢を示しました。

高　おっしゃるとおりで、韓国の大統領選挙についても、韓国の世論のなかには、「次の大統領を決めるのは金正日だ」という声があります。じつは、その根拠になっているのが、二〇〇二年に大統領に当選した盧武鉉本人なのです。

当時、選挙前の予想ではハンナラ党の李会昌が圧倒的に有利で、盧武鉉が大統領になるとは誰も思っていませんでした。ところが、フタをあけてみると盧武鉉の圧勝に終わりました。その背景にあったのが、北朝鮮の韓国に対する心理工作だったといわれています。

したがって、今後の大統領選挙でも北朝鮮は積極的に動くはずで、具体的には左派の候補者を推してくるのではないでしょうか。

佐藤　北朝鮮の心理工作というのは、どういった形で行われるのでしょうか。

高　盧武鉉がはじめて大統領候補として登場したとき、アメリカの戦車によって韓国の女子中学生がひき殺されるという事件がじつにタイミングよく起きました。そして、この事件をきっかけに大規模な反米デモが起きたのです。

北朝鮮はこの反米感情を利用して、保守派や右派に対する反対世論を若いインターネット世代に対して働き掛けました。つまり、北朝鮮は韓国の世論を煽り、若者たちを煽動して、盧武鉉支持の雰囲気づくりをしていったわけです。

盧武鉉

これからの大統領選挙でも、北朝鮮は何らかの事件やイベントを起こして選挙に影響を与えようと工作する可能性があります。あるいは逆に、急に南北和平工作を行うかもしれません。たとえば、「金正日が南北鉄道に乗ってソウルを訪問」——などというサプライズがあれば、韓国の世論は一気に反米、親北、民族主義に傾くはずです。

佐藤　「鉄道カード」というのは、北朝鮮にとって大きな切り札といえますね。そもそもすでに、鉄道で南北は繋がれているわけですからね。

高　そうなんです。しかも、金正日は飛行機が嫌いですから、列車を使って平壌からソウルまで行くというのは、じつに自然な流れです。そこで南北首脳会談を行えば、「われわれは同じ民族だ」というメッセージになって世論を煽ることができます。北朝鮮に敵対する保守勢力や右派陣営の力を削ぐための心理工作としては、とても効果の高い作戦になるはずです。逆に、保守や右派の候補者が大統領になる可能性が高いとなれば、別の心理工作を選択することも考えられます。

佐藤　それはどんな工作なのですか。

高　「北風」と呼ばれる工作です。たとえば、三八度線をはさんだ南北の休戦ライン付近で、北朝鮮が韓国に対して銃撃します。当然、韓国の国民世論は、一気に「北朝鮮はたちの悪い『ならず者国家』だ」という流れになるはずです。このように韓国世論を挑発することによって、保守系や右派の大統領が望ましいという雰囲気にしていくわけです。

その結果、北朝鮮に敵対する保守派の大統領が当選したとき、その大統領は「自分が大統領になれたのは、北朝鮮が銃撃してくれたおかげだ」と考えるようになるはずです。そして、金正日への恩返しということで人道的支援や経済援助を行う——北朝鮮はそこまで考えて高度な工作活動を展開する可能性があると見るべきです。

佐藤　いや、けっして荒唐無稽な話ではありませんね。取引をやっていけばいいわけですからね。

北朝鮮を対外的に代表する人物

高　たとえば、二〇〇六年の七月に行われた北朝鮮のミサイル発射は、当時の安倍晋三官房長官に対する援護射撃になったという見方もできます。日本の世論は危機感を持つし、その結果、「安倍さんじゃないと北朝鮮に強い姿勢で対抗できない」という世論がつくられました。

佐藤　考えてみると、「北風」にはもう一つ使われ方がありますね。それは、銃撃するとかトンネルを掘るなどして挑発して、とりあえず「北風」を吹かすわけです。そうやって「北朝鮮はけしからん」という反北朝鮮の大統領を誕生させて、しばらくして韓国の世論が落ち着くのを待つ。そして、北朝鮮が韓国に対して何か手を打つ必要が出てきたときに、「じつは、あの事件は北朝鮮が韓国側の特務機関と組んでやったものだ」という情報を流すわけです。そして、韓国政権に政治的打撃を与える。

何もしないで、あと知恵としてやるというのも工作なんですね。どっちに転んでも得するように動くわけですから、かぎりなく詐欺師の世界に近いといっていいでしょう。

でも、こうした場合には、信頼関係のある国家間であれば裏のパイプが開いているので、「本当はどうなの」という確認ができます。ところが、韓国と北朝鮮ではそういうことはできませんね。

それと、国際社会においては「国家元首は嘘をつかない」という原則があって、国家元首が嘘をつくと、外交ゲームがものすごく面倒くさいことになる。他の人が嘘をつくのなら、国家元首がそれを改めるという手がまだ残っている。しかし、国家元首が嘘をついたら最後、ゲームができなくなるので、完全に禁じ手なんですね。ですから、「国家元首は本当のことはいわないかもしれないが、嘘だけはついてはいけない」というのが一つのルールなんです。しかし、北朝鮮はこのルールを守らない。

金正日が署名した外交文書というのは、二つしかありません。金大中前大統領との南北共同宣言と、小泉純一郎《こいずみじゅんいちろう》前総理との日朝平壌宣言です。しかし、北朝鮮は南北共同宣言、日朝平壌宣言に違反する行動を平気でとる。明らかに、他の国々と異なるルールで動いていない。また不思議なことに、北朝鮮の後ろ盾になっている中国との外交文書は一つもないんです。

高　金正日はもともと、反中国感情の強い人間なんです。

彼は日本が大好きだから、日本人の専属料理人まで雇っていました。いっぽう、中国は北朝鮮と日本が親しくなるのをいちばん恐れています。そのため、北朝鮮が中国と「離婚」して日本と「結婚」するのを防ぐために日朝の離間工作を展開しているという情報もあります。

小泉純一郎

佐藤　日朝国交正常化が実現されれば、北朝鮮は当然、日本の経済進出を迎え入れます。北が日本経済の影響下に置かれるのを中国は嫌うでしょうね。

高　北朝鮮の外交戦略は、中国とロシアに両足を掛けてバランスをとり、ハンドリングするというもの。こうして国益の確保を図っています。そして、アメリカと日本に対しては、表面的には瀬戸際外交を繰り返しているものの、反面、「プロポーズ」も並行して行っています。

佐藤　小泉純一郎前総理が北朝鮮を訪問したとき、金正日が拉致を認めてお詫びしたことも、日本に対する一つの「プロポーズ外交」だったのでしょうね。

高　金正日は、外見的に見れば、いつも軍服姿で荒っぽい独裁者のイメージであり、北朝鮮という国も貧しい田舎というイメージが先行しています。しかし、金正日の外交を支える連中のなかには、モスクワやパリへの留学派を含め、欧米で洗練された国際感覚を持ち合わせたエリートたちが存在しています。彼らがつねに対外政策をアドバイスし、外交コンサルティングを行っていると見るべきです。

だからこそ、北朝鮮の外交戦略は、欧米の先進国の水準を凌駕するほどハイレベルなのです。北朝鮮は、自分たちが置かれている地政学的な位置と戦略的な環境を最大限生かして、生き残りを賭けた外交戦術を上手に展開していると見るべきでしょう。

佐藤　はい、北朝鮮の外交手腕を再認識すべきです。そして日米韓は、価値観を共有する外交戦略と現実主義に基づいた外交戦略をバランスよく調整しながら、対北朝鮮戦略・戦術を立案していく必要があります。

高　佐藤さんが指摘されたように、国際関係も人間関係と同じです。「永遠の敵もいないし、永遠の味方もいない。自国の国益だけがある」ということです。

アメリカも将来的には、融和政策の一環として、北朝鮮に経済進出することを視野に入れていると思います。経済的な進出を通して、北朝鮮の経済が韓国のＧＤＰの水準まで上がれば、南北統一の環境がスムーズに醸成されると思います。

さらに、日米韓三国の経済進出に伴い北朝鮮の経済水準が上がれば、韓国が主導権を握って南北統一を実現する。そうなれば、中国の地域覇権を牽制する理想的な環境が整うと思います。すなわち、長期的な視野に立った北への外交戦略が求められているのです。

ところで、外交的に北朝鮮を代表する人物は金正日ではないという話があります。どういうことですか。

佐藤　外交の世界での国家元首の定義は、「全権大使が任地に赴任するときに信任する人物」で、アグレマンという信任状を奉呈す

ニコライ・ポドゴルヌイ

る相手なんですね。そうすると、日本の場合は天皇陛下になります。
北朝鮮の場合、国家を対外的に代表するのは、評議会の最高人民会議常任委員会の委員長である金永南です。最高人民会議常任委員会委員長というのは、日本での国会議長にあたりますが、こうしたやり方はソ連に倣っているんですね。たとえば、ブレジネフ時代に信任状を奉呈する相手はブレジネフではなく、ニコライ・ポドゴルヌイ最高会議幹部会議長でした。

高　でも、ソ連でいちばん力を持っていたのはブレジネフで、権力の二重構造だったわけですね。権力の所在を分けるには、うまいやり方です。

佐藤　それが共産主義国家の特徴だったわけです。もっともポドゴルヌイが失脚したあとはブレジネフが最高会議幹部会議長になったので、信任状の奉呈先もブレジネフになり、国内向け、外国向けの国家元首が一致しました。

タリバーンとソ連の共通点

佐藤　ところで、共産主義というのはプロレタリア革命によって国家を廃絶するのですから、共産主義国家の原点は「本来、共産主義体制に国家は必要ない」となります。しかし、「現時点では帝国主義国家に囲まれているから、過渡期ということで国家は必要なのだ」というロジックを使っていたので、ソ連という国家は、国家を廃絶するために必要な特殊な「国家」ということになります。

「国家は悪いものなのだけれど、われわれは国家を廃絶するための特殊な国家なのだから、悪い要素は一切ないのだ」という理屈ですね。でも、そういう国家がいちばん悪い国家なんです（笑）。

これと同じ例が、タリバーンのアフガニスタンです。タリバーンが考えているのは、世界イスラム革命です。世界イスラム革命によって世界に単一のカリフ帝国ができると、世の中から国家はなくなります。ところが、「いまはその段階に来ていないから、世界イスラム革命の拠点国家、過渡期国家としてアフガニスタンが存在する」という論理なんですね。

国家というのは本来「悪」を持っているが、アフガニスタンはそういう国家を廃絶していくために神に選ばれた国家だから、タリバーンに関するかぎり「悪」はないという発想なんです。

北朝鮮・ロシア間のキーパーソン

佐藤　さて、ロシアと北朝鮮の間には一人のキーパーソンがいます。それはドミトリー・ヤゾフという元帥です。ヤゾフという人は、一九九一年八月のクーデター未遂のときの国家非常事態委員会メンバー（当時ソ連国防相）で、政治犯になりました。ソ連が崩壊したあと、ロシアに共産体制をつくることを目的に共産労働党という政党をつくったのです。その共産労働党の兄弟政党として仲良くしていたのが朝鮮労働党で、ヤゾフは金日成、金正日親子にも会っています。

ヤゾフは、現在生きているロシアでただ一人の元帥です。北朝鮮は軍人を尊敬しますから、金親子はヤゾフを信頼し、ヤゾフがロシアの大統領になり、もう一度ロシアが共産主義国家になって北朝鮮の同盟国になることを、ある時期まで本気で信じていたのですね。さすがにいまとなっては信じてはいませんが、そのヤゾフの補佐官をしていたのがプリコフスキーという人でした。僕も何度か会ったことがあるのですが、このプリコフスキーは現在、環境・技術・原子力監督庁長官というポストにいます。ついこの前まで極東連邦管区大統領全権代表でした。

彼はヤゾフと関係があるから北朝鮮と人脈を持っていましたが、そういうことから北朝鮮通として名が通っていたのですね。そこで、日本の外務省はプリコフスキーがキーパーソンだと勘違いしてしまったわけです。それで、二〇〇三年一月に小泉さんがモスクワに行った帰りに、ハバロフスクにわざわざ小泉さんを降ろしてプリコフスキーに会わせたんです。このとき小泉さんは世界中の笑いものになったのですが、鈍感な日本のメディアは何も報じていません。

ドミトリー・ヤゾフ

というのも、プリコフスキーの人脈は、プーチンと反目の共産党側のヤゾフです。プリコフスキーはチェチェンの仕事をしていたけれど、チェチェンで功績をあげられて力がつくと大統領側にとって都合が悪いからこそ、極東に動かしたわけです。

プリコフスキーは極東に移ると、北朝鮮との人脈を使っていろいろ動き始めました。そして、いまプリコフスキーの周辺がやっているのは、北朝鮮のライセンスを買い漁ること

金日成

なんです。元山《ウォンサン》の港湾改善プロジェクトや海底資源、鉱山の開発など、北朝鮮はプリコフスキーを含めたヤゾフのグループを中心にライセンスを売っています。

つまり、北朝鮮で何かの開発をしようとすると、ロシアにお金が落ちる仕組みがすでにでき上がっているわけです。たしかに、いまは契約書という紙だけですが、開発ライセンスをロシアが持っていることに変わりありませんからね。

高　そこまで進んでいるのですね。

平壌にロシア正教会を建てた狙い

佐藤　それから、最近になってロシアは工作活動を強化しています。たとえば、二〇〇六年に平壌にロシア正教会ができたのですが、これは二〇〇三年に金正日がイルクーツクに行ったときに教会を訪れて、「こういうのがウチにもほしい」といって実現したことなんです。

その流れで、北朝鮮側が「ロシアで神父の訓練を受けさせてほしい」と頼んで神父見習いを送り込んだのですが、ここがちょっと手の込んだところでした。そもそも、北朝鮮にはまともなクリスチャンはいないし、だいたい正教徒なんて一人もいないんです。つまり、北朝鮮の朝鮮労働党で工作活動をしているインテリジェンス部局から、工作員が神父の儀式だけを勉強に来ているわけで、本当のキリスト教信者になるわけじゃないんです。

では、何が狙いなのか。それは、ロシアからの人道支援です。朝鮮正教会を通じてロシア正教会が北朝鮮に人道支援をするわけです。ロシア正教会の背後にはクレムリンがいます。石油やガスといったエネルギー資源の儲けでロシアには金がありますから、それを使って、北朝鮮内部にロシアにとって都合のいい人脈をつくりはじめているのですね。

同時に、北朝鮮もロシアとの関係を深めようとしています。最近、北朝鮮は「主体《チュチェ》思想」という言葉を使わなくなっていますが、それに代わってたびたび出てくるのが「先軍《ソングン》政治」です。「北朝鮮の全国土を先軍化しよう」というスローガンを掲げてミサイルの実験とかをやっていますが、その中心になるのが軍事テクノクラートで、彼らの多くがフルンゼ陸軍大学など、ソ連時代にロシアで教育を受けているのです。

ここで重要なことがあります。それは、こうした北朝鮮の軍事テクノクラートたちは相対性理論や量子力学を知らないとミサイルや核兵器をつくることができないということです。つまり、彼らは理科系のインテリなのですね。

どんな国の人間であっても、理科系のインテリが、「唯一思想体系」とか「金正日の誕生日に白いナマコが出てきて挨拶した」とか「金正日の誕生日に太陽が二つに割れた」などという話を信じるでしょうか。信じるはずがありませんね。でも、もしアメリカと北朝鮮の間で戦争が起こって北朝鮮が負けたら、この軍人や科学技術者たちは「マッドサイエンティスト」として縛り首になります。彼らはそれを心配しているんです。

そこでロシア人は何を考えたか。北朝鮮の「たが」を少しだけ緩めてみよう、ということなんです。具体的には、金や人道支援物資を流して軍人を少し豊かにしながら、いい関係をつくって友だちになろうとしているのですね。そうすれば北朝鮮の軍人たちも、少しは安心して自国の体制側と距離を置くのではないかと考えている。

つまり、北朝鮮の軍人をロシアの味方にしようとしているわけです。うまくいくかどうかはわかりませんが、ロシアはそのために教会をつくったり、あれこれやっているということなのです。

高　そうしたことは、韓国の新聞やテレビではまったく報道していませんね。ロシアの専門家である佐藤さんの慧眼《けいがん》には、つくづく感服します。

ロシアの北朝鮮嫌い

高　それにしても、ロシア側が、北朝鮮の軍人テクノクラートに対して影響力を持っているというのは、はじめて聞きました。韓国の認識は、北朝鮮はほとんど中国の影響下にあるというものですから。

佐藤　その点でロシアにはとてもおもしろい研究所があります。そこは、ロシア科学アカデミーのなかにある極東研究所の朝鮮研究センターというところで、北朝鮮要人の履歴に関する資料も整っています。

朝鮮研究センターの所長はワジム・トカチェンコという人で、ソ連共産党中央委員会国際部の朝鮮課長だったので朝鮮語もとても上手ですね。本人はロシア人ですが、奥さんはロシア在住の朝鮮人です。しかも、かつては金日成、金正日親子の通訳をずっとやっていたこともあって、金一家とは家族ぐるみの付き合い。列車に乗って平壌に一緒に行ったりするような関係でした。ですから、北朝鮮エリートのものの考え方、あるいは内在的論理がよくわかる人なんです。

ソ連と北朝鮮の関係は外から見るよりも微妙で、中国の原子力発電所はロシアのコピーなんですが、ソ連は北朝鮮に対しては、原子力技術をきちんと出していなかったんです。だから、北朝鮮はロシアに入って、そうした技術を盗み出し、それを独自に組み立てたというのが現実でした。

ニキータ・フルシチョフ

さらにロシアと北朝鮮の関係でおもしろいのは、ソ連のすべての歴史のなかで、北朝鮮はソ連共産党書記長が一度も訪問したことのない唯一の社会主義国家だということですね。アルバニアでさえもフルシチョフが訪問しているのですから、それだけモスクワは平壌が嫌いだったことがわかります。

ロシアの北朝鮮嫌いは、中ソ関係と密接にからみ合っています。これまで中国とソ連の対立が激しくなると、いつもそこで北朝鮮は天秤に掛けるような取引ばかりをしてきました。ソ連も背に腹は代えられませんので、下心を持って擦り寄る北朝鮮に金と贔屓《ひいき》を与えるしかなかった。そんなことが続くので、ソ連としてはいい加減嫌になってくるわけです。

いっぽうで、北朝鮮は中国の技術をバカにしているので、技術系を中心にした軍人はソ連に送っている。ソ連としては、北朝鮮は嫌いだけど、ほうっておくと中国に行かれるので、仕方なく受け入れていたという事情がありました。北朝鮮もたいしたもので、「俺たちと付き合いたいなら、金と技術をもっとよこせ」というわけです。

北朝鮮製品のソ連での評価は

佐藤　ただ、ソ連の一般世論は北朝鮮について好意的な評価をしていました。それは、北朝鮮のつくる製品の質がよかったからです。朝鮮民族は手先が器用であるうえ、何事に対しても丁寧なので、背広などの仕立てがとてもよかったし、靴の品質も高かった。ロシア人は製品で判断するところがあるので、ソ連時代、一般国民の感覚で北朝鮮を蔑視する風潮はありませんでした。

高　韓国でも北朝鮮製のものには定評がありましたからね。

佐藤　モスクワでの私の経験からすると、まず醤油ですね。私も買ったことがありますが、すごくおいしかったですよ、北朝鮮の醬油は。日本のキッコーマンとちがって溜まり醬油のようにちょっと甘いのですが、バーベキュー用に使うとすごく合うんですね。バーベキューソースとしてはピカイチなんです。ほかに評判がよかったのは自動車用バッテリーです。マイナス二〇度になっても上がらないのですから、大したものです。

それに比べて、ソ連製はすぐに上がってしまうから、レベルの高いものをつくっている国民をロシア人が尊敬するのもよくわかります。「こんなにきちんとした製品をつくることができるのだから、さぞかし立派な国民なのだろう」と考えるわけです。ちなみに、チェコ人も立派なクリスタルガラスをつくっているから尊敬されていますが、尊敬されなかったのがルーマニア人ですね。ルーマニア製の背広って、野暮《やぼ》ったかったですから(笑)。

僕はそうした時代にモスクワから北朝鮮を見ていたので、北朝鮮の基礎体力は結構高いと思っているんです。

高　モスクワで北朝鮮人との付き合いはありましたか。

佐藤　直接の交流はありませんでした。僕がモスクワに留学していたときは、まだモスクワ大学に北朝鮮の留学生がいましたが、僕たち日本の外交官は北朝鮮の人たちと口をきいてはいけないことになっていましたから。北朝鮮の人も日本人と接触してはいけないことになっていたはずですよ。

キリスト教の使い道

佐藤　さて、話は変わりますが、北朝鮮の崩壊のシナリオはあると思いますか。

高　金正日政権や北朝鮮という国の崩壊は、あればいいとは思いますが、なかなか難しいでしょうね。

　絶対権力は必ず腐敗するし崩壊するというのが歴史の教訓だから、金正日独裁政権の崩壊も時間の問題だといわれています。しかし、なぜか崩壊しない。その原因は、北が宗教集団並みの組織になっているからだと思います。すなわち、金日成親子こそが神様なのです。そして、金日成親子が朝鮮王朝時代の王と同じだから、世襲もスムーズに行われたわけです。儒教の伝統もありますから、王に対する尊敬心と忠誠心も根強いはずです。

佐藤　なるほど。僕もソ連の崩壊を見たせいか、外側からの圧力では壊れないと思っているんです。壊れるときは内側からだと思います。

高　たしかに、そうですね。だとしても、外側から内部崩壊を誘発させる取り組みも必要です。

佐藤　僕は、内側からクーデターが起こるとは思えないのです。そうではなくて、北朝鮮の人のなかに他の国の情報が入ってきて、彼らの欲望が膨れてしまうことが崩壊のきっかけになるはずです。

たとえば、二〇〇七年の三社共同社説で養魚場や肉をつくっているところなどがとても調子がいいとありました。だから、追加的な配給をするということなのですが、おそらくそれは実行するはずです。というのも、独裁国というのは、国内では案外、約束を守るものだからです。そうなれば、効果は絶大でしょう。豚肉の脂身を一人一〇〇グラム配給しても、北朝鮮の生活水準なら大喜びだし、田舎に行けば、とくに「将軍様、ありがとうございます」になるはずです。

でも、もし世界の現実を知ったらどうなるか。世界の水準というのはそんなレベルではなくて、人はもっとうまいものを食べて、いいものを着て、もっと安楽なことをして、いろいろな飲み物があって、飴もアイスクリームもたくさんあって……そういうことが知れてしまうと、欲望が爆発してくる。これは体制では抑えられません。

高　そう、まちがいなく体制は崩壊するでしょう。

佐藤　そうした現実を北朝鮮の人たちに知らしめるための道具というか舞台が「教会」だ

と思います。北朝鮮には朝鮮キリスト教連盟という組織があって、そこが朝鮮労働党の衛星政党である朝鮮社会民主党から国会議員を出しています。

もちろん、朝鮮キリスト教連盟は体制にベッタリですから、反体制組織ではありませんし、熱心なクリスチャンだった金日成の母方のおじさんが代表をしていたこともあるのです。しかし重要なのは、平壌にあるこうしたプロテスタント系や正教系の教会のなかには金正日の写真もないし、信者は教会のなかでは一応バッジもはずしているということです。

また、おもしろいことに、金日成の回想録『世紀とともに』のなかで、キリスト教と母親のことを書いています。日曜日になると礼拝に通っていたそうで、「キリスト教の教えと自分の主体思想は、基本的に同じだ」と書いています。

日本はこの金日成の言葉をうまく使うわけです。「金日成主席様もそうおっしゃっていますから、教会を通じて自主性のため人間のために人道支援をします」といって、しばらく人道支援をします。そして、そのなかにチョコレートでもチューイングガム、ビスケットでもなんでもいいのですが、欲望を刺激するモノを入れてばら蒔《ま》くわけです。とくに、平壌にいる軍人の子弟たちの手に取らせます。そうなれば、「こんなに美味しいものがあるのか」と欲望が膨らみますね。欲望を膨らませるのに、そんなにお金はかかりませんよ。

北朝鮮に情報はあふれるか

高 そういうことに、いまの日本政府は気づいてはいませんね。

佐藤 北朝鮮への人道支援に対しては日本の世論の反発もありますが、「理科系の発想を持ったテクノクラートを支援する」という具体的な戦略を持って行えば、相手の欲望を肥大させることができます。そうなれば、内側からの崩壊を誘導することができると思います。

でも、北朝鮮の支配層のエリートたちもその点はよく研究していますね。僕もロシアで北朝鮮に関する調査をしてよくわかりましたが、当時の東ドイツやソ連、そして、ルーマニアのニコラエ・チャウシェスク政権の崩壊の過程をしっかり勉強しているんです。金日成も著書のなかで、「改革開放はいいのだが、改革開放するとキンバエや蚊が入ってくる」といっています。つまり、「蚊帳を張って、キンバエや蚊、すなわち西側の情報が入ってこないように改革開放をやるんだ」ということなんですね。しかし、これはとても示唆的で、「金正日体制を崩壊させる危険がある西側の情報は一切入れないようにして、しかし、経済はちゃんと活性化させる」という発想なんです。

しかし、情報が入ってこないと経済をよくすることはできません。いくら絞っても、その中に北朝鮮の現体制にとって都合がよくない情報も必ず紛れ込んできます。そう考えると、金王朝も崩壊に向かうのかもしれません。

高　私もまったく同感です。

佐藤　たしかに、あの金王朝は国民全体の福祉の向上なんて考えていないし、自分たちが生き残ることだけで頭が一杯なので、そんな体制が続くとは思えません。でも、歴史を顧みれば、自分たちの生き残りしか考えていない王朝だって中世でも近代でも山ほどあったんです。

閉鎖的な情報の世界のなかなら、国民をカテゴリー別に区分する「成分表」に基づく身分制度なんて簡単につくることができる。そ

ニコラエ・チャウシェスク

して、それをいったんつくれば、閉鎖空間のなかでは、そのような身分制度が当たり前で自然だと思ってしまうものですからね。

高　韓国の一般的な世論に耳を傾けてみると、保守派を含めて、ほとんどの国民は現状維持を望んでいます。建て前では南北統一をいいますが、本音はそれを望んではいないのですね。

佐藤　それはそうですよね。統一すれば生活水準は著しく落ちるし、だいたい分断の歴史が長いと文化も変わっていますからね。

高　もともと、韓国人は反発心、反骨心が強いDNAを持っているといわれているし、地域感情が激しい国なんです。イギリスはイングランドとスコットランドは犬猿の仲で、同じイギリスという国に所属しているのに、たとえばサッカーなどでは、スコットランドの人はむしろドイツチームを応援したりします。韓国にも同じようなところがあるのです。とくに、東部と西部はライバル関係にありますが、それは歴史的なものが大きく影響しています。

五、六世紀の朝鮮半島はいわゆる「三国時代」で、いまの北朝鮮一帯は高句麗《こうくり》、南部の西側である現在の全羅道地域が百済《くだら》、東側の慶尚道地域が新羅《しらぎ》でした。いまでもこの三つの地域は、飲食の文化をはじめとして、方言も違うし住民の性格も違います。

佐藤　日本でも関東人と関西人は文化が違いますからね（笑）。

中国大陸を征服した高句麗の後裔

高　韓国人は、伝統的に反骨精神と抵抗精神が強い民族です。遺伝子的にも粘り強いDNAを持っています。私は、ローマ帝国を建設したイタリア人も韓国人と同じ半島民族として共通の気質を持っていると感じています。

現在の北朝鮮は、一五〇〇年前に中国の北方大陸を征服した騎馬民族国家、高句麗の領土であった地域に当たります。高句麗は四〜七世紀ごろ、中国の遼東半島と満州を含む中国東北部を領土に収めていた東アジア大陸の軍事強国でした。高句麗の全盛時代は、西洋ではローマ帝国が東西に分裂した時代でした。

佐藤　そうですね。当時のヨーロッパでいえば、フランク王国が誕生した時期と重なっていますね。

高　当時の中国大陸では、高句麗と国境を接する隋が全国を統一し、煬帝《ようだい》が高句麗の首都・平壌に二度も攻めて来ましたが、高句麗軍の粘り強い戦闘で敗れました。唐の太宗も五〇万の兵力を率いて、高句麗が遼東地域に構築した安市城を攻撃しました。が、そのときも、高句麗軍は一年間の徹底抗戦で唐軍を破りました。

唐の太宗は朝廷に戻り、出兵を後悔しながら、「二度と高句麗と戦ってはならない」との戦訓を後世に残したという記録があります。

佐藤　中国という国は長い歴史上、北方民族から絶え間ない侵略を受けて盛衰を繰り返した国ですからね。それを防ごうとした万里の長城がその証です。たとえば、モンゴル族が侵攻して元を建国しましたし、満州族が明を破って清を建国しました。しかし、漢民族が征伐しにくかった、いってみればいちばん手強い北方民族は、高句麗だったようですね。

高　地政学的な観点から見れば、高句麗は、朝鮮半島が大陸勢力に食われないよう、強力な防波堤の役割を果たしたといえます。とりわけ、朝鮮半島北部地域の住民は粘り強い底力と根性を持っています。

北の人々は高句麗の時代から何度も大陸の勢力と血で血を洗う戦いを繰り返しながら、粘り強い民族特有の遺伝子を育んできたのです。寒い気候と険しい山岳地形という厳しい風土も、強い民族精神が形成された理由でしょう。

たとえば、北朝鮮出身として有名な人物としては、韓国の初代大統領だった李承晩をはじめ、プロレスラーの力道山などが挙げられます。韓国では、朝鮮戦争時に避難民として定着した北朝鮮出身者と感情的に対決したら、いつも南部の韓国人が負けます。彼らの共通点は気が強く、大らかではあるものの胆力を兼ね備えている点です。さらに、その生活力も旺盛で、韓国社会で成功した事業家も多い。現代グループの創立者、鄭周永《チョンジュヨン》もその一人です。

佐藤 なるほど、おもしろい話ですね。ところで、中朝国境地域では現在、両国の間で国境貿易が盛んになっているといわれていますね。

李承晩

高 高句麗の領土だった中国の東北三省地域である吉林省、黒龍江省、遼寧省には朝鮮族自治州があって、今も朝鮮語と朝鮮民族の伝統文化がそのまま残っています。当然、中国の朝鮮族と北朝鮮住民が同じ朝鮮語でコミュニケーションできるため、国境貿易も盛んになっているわけです。こんな事情があるので、将来、韓半島が統一された場合、統一韓

アドルフ・ヒトラー

国は必ず、中国側に領土返還を要求すべきです。

中国側もその日を想定しています。将来、統一韓国との間に起こり得る領土紛争を避けるために、「中国東北地方の高句麗時代は中国地方政府の歴史であった」と歴史を歪曲し、繰り返し訴えています。この領土問題は、中国との長期戦を覚悟してでも主張すべき韓民族の大宿願なのです。

佐藤　われわれ島国の国民としてはなかなか発想しえない壮大な国家観ですね。中国大陸はさまざまな民族集団で構成されている国だから、ソ連の崩壊のように分離独立のプロセスをたどる可能性が潜在していますね。地球の半分を植民地化した大英帝国ですら、国内のスコットランドを同化できない状態でしたから。

また、ジンギスカンやナポレオン・ボナパルト、アドルフ・ヒトラーが世界征服を狙いましたが、民族のアイデンティティは武力で奪い取ることができないというのが歴史的な事実です。

高　中国大陸の各地域が分離独立して崩壊した場合、そのときは当然、満州を含む朝鮮族地域は統一された大韓民国と合併するしかないでしょう。韓国は長期的な国家戦略を視野に入れるべきです。

こうして中国の東北地域を収めた統一大韓民国が国力を伸ばしてモンゴルと連合した場合、これはアメリカの中国封じ込め戦略とも結びつくわけです。現在のモンゴル大統領、ナンバリン・エンフバヤル氏は、ロシアやイギリスで教育を受けたにもかかわらず、自他ともに認める親米派。こうした点を見ても、アメリカは長期的な国家戦略を持っていると見るべきです。

ナンバリン・エンフバヤル

ちなみに、日本国立遺伝学研究所の血液型研究データでは、韓国人は日本人と同じDNAを持っている血族関係にあり、次は中国東北部の人に近いという学説があります。

佐藤　旧ソ連が分離独立して崩壊した前例に

照らして見れば、大陸国家が分離独立を迎えるプロセスは歴史上必然の流れかもしれないですね。

それでは話題を変えて、北朝鮮に対するアメリカの対応について触れましょう。

北朝鮮に負け続けるアメリカ

高　北朝鮮は、これまでアメリカに対していいたい放題の瀬戸際外交を展開しながら、武力挑発を繰り返してきました。にもかかわらず、アメリカは一度も北朝鮮に対してこぶしを振り上げたことがないのです。

一九六八年には、北朝鮮がアメリカ海軍の情報艦艇を拿捕しましたが、そのときアメリカは、領海侵犯を二度としないという謝罪文書に署名して、乗組員八二名を引き取りました。

翌年には、アメリカ海軍の電子偵察機EC-121機が北朝鮮の砲撃で撃墜され、乗組員三一名が死亡するという大惨事がありました。

そして一九七六年には、休戦ラインの非武装地帯にある板門店で、北朝鮮の軍人たちが斧を振るってアメリカ軍将校二人を殺害しました。そのときもアメリカ側は、空母で軍事的な威嚇を行ったものの、実際の軍事行動には踏み切れなかったのです。

佐藤　場所が中東など他の地域だったら、必ず軍事的に報復していたでしょうね。

高　自国民の生命が奪われたら必ず軍事行動で報復するアメリカが北に対しては弱いスタンスを取った理由、それは、当時、ベトナム戦争が泥沼状態にあったからなのです。

佐藤　今のイラク戦争も同じパターンですが、過去、ソ連もアフガニスタンに侵攻して泥沼状態に陥り、撤退しましたね。

高　韓国のソウルと東京が、北朝鮮の長射程砲とノドンミサイルの射程に収められているということも、アメリカが北朝鮮に対する軍事行動を抑制している大きな理由です。

文字通り、ソウルと東京が火の海になってしまう恐れがある。韓国と日本は人質状態になっているわけです。

ジョージ・ブッシュ

佐藤　だからジョージ・ブッシュ大統領は、いつも、朝鮮半島問題は外交的な対話を通して平和的に解決すると強調していますね。

アメリカの宥和政策は見せかけ

高　ただ、アメリカも黙っているばかりではありません。アメリカは「ＯＰＬＡＮ」という対北朝鮮の軍事作戦計画を持っていますが、最も注目すべきなのは「５０３０作戦計画」ですね。

この作戦は、長期にわたって北朝鮮に経済的圧力や工作心理戦を伴った軍事的圧力を加えて、最後は北朝鮮を崩壊に導くというものです。ＣＩＡが策定した計画を、国防総省情報本部が軍事作戦を含む内容に修正して発展させましたが、ドナルド・ラムズフェルド前国防長官が指示して、トーマス・ファーゴ太平洋艦隊司令官と国防総省作戦担当官たちが具体的な内容を練り上げました。

経済的な圧力と心理戦はすでにスタートしていて、ステルス戦闘機を金正日の居場所近くに飛ばすなどということもしています。ほかにも、偽ドルや麻薬で北朝鮮が稼いだ金をマネーロンダリングしているとされたマカオの「バンコ・デルタ・アジア」に対して、北朝鮮との取引を停止するように迫って、結局、約二六〇〇万ドルの預金を凍結することになりました。ただ、これはのちに解除されましたが。また、金正日の個人口座とされるスイスの秘密口座の四〇億ドルに対する資金源と取引の追跡調査もしています。
さらには、呉克烈朝鮮労働党作戦部長の長男オ・セウック前人民軍大佐の亡命を手引きしたり、北朝鮮上空から「金日成・金正日父子の十大嘘」という内容の宣伝ビラを撒いたりしています。アメリカは北朝鮮に対して宥和《ゆうわ》政策を採っているように映っていますが、それがアメリカの本音でないのはあきらかなのです。

佐藤　アメリカの本音は、「あの手のタイプの国は嫌いだ」というところでしょう。でも、中東情勢がたいへんなことになっていて、とくにイランとの関係をちょっとまちがえると第三次世界大戦になりかねないという状況のなかで、「極東はとにかく現状維持だ」というのが正直なところなんだと思います。北朝鮮に対する宥和政策は、あくまで戦術的な話なんですね。

高　おっしゃるとおりだと思います。

佐藤　だから、中東が落ち着いてくれれば、アメリカの態度は変わってくるはずです。また、もう一つの懸念材料は、大統領選挙で民主党政権になったときです。

高　民主党は北朝鮮に対して宥和政策を採って、中間選挙で国民世論の支持を得ているので、劣勢の共和党が大統領選挙を睨んで民主党と同じような宥和政策を採らざるをえないという事情もある。だからこそブッシュ政権は、二〇〇六年後半以降、北朝鮮に大幅な譲歩をしたのでしょう。

佐藤　ネオコンが強硬な政策を採り続けてきたところ、中間選挙の結果で宥和的な路線の民主党が勝利しました。共和党としては、民主党の方向に国民の意識が向いているのなら、それを先取りしてしまえばいいという発想になりますからね。

本当に強硬なのは民主党

佐藤　ただ、本当に怖いのは、政権をとったときの民主党なんです。というのも、民主党は「自由とか民主主義といった価値観は、世界で普遍的に適応する」と本気で考えているからです。共和党は、ネオコンの連中が口先だけでそんなことをいっていたんですが、実際は棲み分けの論理なんです。つまり、「ここは俺たちの縄張りなんだ。だから手を出すな」ということですね。いい例が、ベラルーシです。

高　かつての国名は「白ロシア」でしたね。「ヨーロッパ最後の独裁者」と呼ばれるルカシェンコ大統領は、労働組合の活動に介入したり、メディアを政府の管理下に置くなどして欧米の反感を買っていますね。

二〇〇六年の大統領選挙では、反政府デモを「テロ」とみなして死刑の適用をほのめかしたり、他国からの選挙監視団の入国も拒否したことから、ＥＵは制裁の発動を検討している。そして、アメリカも「専制国家」と名指しして非難していますね。

佐藤　しかし、そのアメリカは現在、ベラルーシにまったく手を突っ込んできませんね。クリントン前のクリントン政権のときは、さんざん手を突っ込んできたのに。たとえば、クリントン政権は、親欧米のベラルーシ人民戦線（ＢＮＦ）を本格的に支援していました。これに対してブッシュ政権は、ベラルーシの内政には極力介入しないようにしている。「ベラルーシはロシアの縄張りなのでアメリカは遠慮する」ということなのです。明らかに、棲み分けの論理が働いています。

北朝鮮問題に関しても、いざとなったら民主党のほうが厄介だと思います。金正日は、そのあたりの事情がよくわかっているのでしょう。

高　二〇〇七年に放映されたテレビ番組で

ビリー・グラハム

は、空爆寸前までいった様子を生々しく伝えていました。

佐藤　それについては、北朝鮮の小説もあるんですね。『永生』という、故金日成主席はわれわれの心のなかで永遠に生きているという小説です。邦訳もあります。そのなかでとても詳細に書いていますね。

それから、あのときに大きな役割を果たしたのが、日本ではほとんど報じられていないのですが、アメリカの宗教右派の宣教師であるビリー・グラハムという人なんです。ビリー・グラハム牧師が、何度も北朝鮮を訪れ、カーター元大統領の訪朝の道備えをした様子が、この小説からよくわかります。キリスト教は今後も、北朝鮮とアメリカの対話の窓口としての機能を果たすと思います。

終章　核の帝国主義

六ヵ国協議の「裏の目的」

佐藤　さて、高さんは北朝鮮が核兵器を放棄することがあると思いますか。

高　それはありえないですね。

佐藤　私も同感です。

高　北朝鮮は、自らが生き残るために核兵器というカードを絶対に手放さないでしょう。北朝鮮にとっての核兵器は、日本や韓国、そしてアメリカを前にしたときに生き残るための切り札だからです。

佐藤　そうした現実のなかにあって、われわれ日本人には何ができるのでしょうか。

高　いちばん手っ取り早いのは、日本と韓国が同時に核武装することです。しかし、アメリカが最も怖れているのは日本の核武装ですから、実現の可能性は低いと思います。そもそもアメリカは、日本の核武装が怖いから北朝鮮に対して核兵器の保持を認めないのです。北朝鮮が核を持てば、日本も韓国も核武装する方向に進まざるをえませんからね。

さらに、アメリカが北朝鮮の核を認めたくないのは、核の拡散問題があるからです。北朝鮮が開発に成功すれば、核開発に関連した技術をまちがいなく第三国に流します。それをアメリカは怖れているのです。

佐藤　僕も高さんの分析に基本的に賛成です。現時点での六ヵ国協議の「裏の目的」は、「日本に核武装させない」の一点に尽きるといっていい。それとは別に、僕自身も、現時点で日本が核武装することに反対なんです。どうしてか。理由は二つあります。

一つは、日本のエネルギー政策を考えると無理だと思うからです。日本の電力供給の約四割は原子力発電ですが、その原料となるウランについては、日本は輸入に頼っています。もし日本が核武装すると、核拡散防止条約（NPT）から脱退しなければならないので、ウランを買うことができなくなります。現在、日本のウランの備蓄は一〇年分ですから、日本の原発は一〇年で稼動しなくなります。エネルギー供給量の約四割がなくなるということは、国家と社会の崩壊を意味します。

核武装に反対するもう一つの理由は、現実問題として核実験ができないからです。核武装するためには、どうしても核実験をしなければなりません。では、日本のどこで実験するというのでしょうか。核武装に賛成する政治家も少なからずいますが、「あなたの選挙区で核実験できるのですか」と聞きたいですね。

少なくとも、この二つの問題をクリアしないかぎり、核武装論は無責任だと思います。

日本が核武装するケース

佐藤　ただし、それでも将来、日本の核武装はあるかもしれません。それは、中東情勢が動いたときです。どういうことかというと、イランの核武装が数年以内で可能になるという状況だからです。もしイランが核武装したら、サウジアラビアは必ず核武装します。サウジアラビアは自分たちの技術では核兵器をつくれませんが、パキスタンから技術を買えばいいだけの話ですから。

高　オイル・マネーが潤沢にありますからね。

佐藤　そうです。そうなれば、エジプトがいままで中止してきた核開発を始めるでしょう。さらにシリアが続き、すでに核を保有しているけれど公に認めていないイスラエルが核保有を公表します。こうして、イラン、サウジアラビア、エジプト、シリア、イスラエルという中東の五ヵ国が核を持てば、世界中で「核ドミノ」が起こり、あちこちの国が核を持つようになるのは目に見えています。

そこまでいけば、国際世論は本格的に変わる可能性が出てきますから、国際社会で核兵器を保有しても「NPTに加盟できる」「ウランを買い続けることができる」という「ゲームのルール」の変化が生じるでしょう。そうなれば、日本も核武装に向けて進むことになると思います。

核武装については、「自衛のための最小限度のもの」ということならば、現行憲法でも認められるというのが政府の解釈です。その代わり、世界のシステムのなかでは「核戦争」と隣り合わせになってしまいます。

高　イスラエルが南アフリカで核実験をしたというのは公然の秘密です。しかし、北朝鮮は核実験を継続していません。が、コンピュータによる計算だけでも核開発はできるという説もありますね。

佐藤　たしかにそうですね。ただ、コンピュータによるシミュレーションだけでは無理とする専門家のほうが多数派だと思います。二〇〇六年一〇月の実験でも、北朝鮮ではきわめて小さな爆発しか起きていません。これは、意図的に、スーツケース爆弾のような小型核を爆発させたのではありません。つまり、実験は、北朝鮮の目論見どおりにはいかなかったということです。

北朝鮮が核兵器を保有するためには再実験の必要があります。ただ、いずれにしても、核実験というのは、五、六回やれば必ず成功するものなのです。

高　アメリカとしては認めたくはないのでしょうが、二〇〇六年の北朝鮮の実験は、ある程度成功したといえると思いますね。

佐藤　日本としてもアメリカとしても、最後まで「北朝鮮は核兵器を持っていない」といわざるをえないので、この実験は失敗したという顔をしていますが、ある程度成功したという見方を私もとっています。

高　失敗したというのは、アメリカのプロパガンダという話もあります。北朝鮮を核保有国として認めたくないからです。ちなみに、前にも述べましたが、北朝鮮は貧しい田舎の国というイメージが強いですが、核やミサイル技術、あるいは生物化学兵器分野では、先進国と同じレベルにあると見るべきです。

佐藤　プロパガンダというよりも、アメリカ人にはそう見えるのでしょう。ロシアは、はじめから「北朝鮮は核実験に成功した」といっています。記者会見までやって発言しているし、その後、その発言をロシアは撤回していません。「ある程度成功した」核実験の「程度」をどう評価するかという問題だと思います。

「核を持った帝国主義の時代」とは

高　中東地域やアジア地域の国々が、揃って核兵器を保有すれば、むしろ国際紛争や戦争がなくなるのではないか、という世論も国際社会のなかにはあります。

佐藤　「恐怖の均衡」論ですね。これがインテリジェンスのプロの発想なんですね。タブーを一切持たないで、「もしかしたらすべての国が核保有することで『バランス・オブ・パワー』を保つことができるのではないか」と柔軟に考えることができる。非常に重要な発想法だと思います。ただ問題は、「恐怖の均衡」が破れた場合、本当に人類が破滅する危険があることです。

いずれにしても、私たちは新しい時代に直面しています。東西冷戦の時代にはあまり考えないでよかったことを、いまの時代の私たちは考える必要に迫られているのです。

たとえば冷戦下、日本と韓国は同じ陣営に

レーニン

いました。「共産主義になったらおたがいに都合が悪い。だから、反共主義の親分であるアメリカと一緒にやっていこう」ということで一致していました。いっぽう、日本と韓国の間には竹島《たけしま》(独島《トクト》)問題があって、これはおたがいに引くことのできない国家の面子の問題、原理原則の問題ですね。この竹島(独島)問題は、いままではほとんど騒がれなかったのに、最近はことあるごとに取りざたされるようになりました。なぜ以前は騒がれなかったかというと、そんなことで騒いだら共産体制を利するだけだという意識がおたがいにあったからです。

この問題が騒がれるようになったのは、共通の敵がいなくなって日本も韓国も自国のナショナリズムや国益が露骨に表に出るようになったからなんです。こういう時代は以前にもあって、それは冷戦が始まる前の帝国主義の時代です。いまの韓国には十分な国力があって、外国に資本を輸出しています。だから、韓国も帝国主義国です。

旧来の左翼の発想では、帝国主義には否定的な意味合いがあり、すぐに「帝国主義打倒」ということになるのですが、そうではない。一九世紀のホブソンとか二〇世紀のレーニンが定義した帝国主義をもう一度思い出すべきでしょう。つまり、「商品の輸出」ではなく「資本の輸出」が主流となった株式会社形式を中心とする最高段階の資本主義、それが帝国主義だということです。

一九世紀の自由主義時代、国家とビジネスは明確に分かれていましたが、現在の資本主義は国家とビジネスがそれぞれ個別に結びつきながら自己の利益を拡大していこうとします。旧植民地時代、植民地の獲得こそが帝国主義でしたが、いまの時代は植民地を持つことはできない。そこで、別の形態の経済進出となるわけです。

かつての「普通の軍事力による帝国主義の時代」は、ある乱暴な国を軍事的に潰そうとしてできないときは、折り合いをつけて落としどころを探りました。現在の北朝鮮をめぐる問題にしても、もし「価値観外交の世界」にいるなら、北朝鮮の理不尽なことは誰も認めないという話になります。ところが、新しい帝国主義の時代に入ってきているから、みんなが折り合いをつけようとしているわけです。

そして、これからの世界は「核を持った帝国主義の時代」というなかに突入する可能性があります。いや、もしかしたら、いまわれわれは、その入口に立っているのかもしれません。

核の帝国主義に克つ国家情報戦略

佐藤　二〇世紀初頭までの帝国主義は、少なくとも一つの国が全世界を破滅させることはできませんでした。ところが、二一世紀初めの現在進行中の帝国主義は、過去とは異なります。帝国主義的な緊張を各国が国家エゴで出してくるなかで、一つの国の判断によって地球全体を潰すことができるということになります。あるいは、核兵器を使うことで地球の半分くらいを潰すことができるわけです。

私たちは、そうした新しい帝国主義の時代に直面しているのです。これは、良いとか悪い、好きとか嫌いということを離れた世界の現実なのです。私たちの時代は変わろうとしているのですから、いままでのようなステレオタイプではなく、従来の常識から離れた論理連関で、国際政治の現実を見なければなりません。

高さんにお聞きした話にもあるように、もしかしたら中東地域では五ヵ国くらいが核を持ち、アジア太平洋地域では、ロシア、中国、日本、北朝鮮、韓国、台湾の六つの国と地域が核兵器を持って、「恐怖の均衡」に入っていく時代が二一世紀の真ん中くらいに来るかもしれませんね。

高　その可能性は十分あると思います。冷戦が終わってからというもの、世界各地のいたるところで民族紛争や宗教間の内戦およびテロが頻発しています。これは、冷戦という国際秩序が崩れたことによって内戦やナショナリズムが台頭してきたからにほかなりません。

もちろん、冷戦時代にも小規模な地域紛争はありました。しかしいま、冷戦終決後に起こった二〇〇一年の「九・一一同時多発テロ」など、大規模なテロや地域紛争が広がっています。むしろ、冷戦時代がなつかしいくらいです。

近い将来に、国際社会には、新たな国際秩序が誕生すると思います。それは歴史の必然なのかもしれないですね。

佐藤　重要なのは、北朝鮮問題ではなく、そこのところの覚悟なんですね。私たちが核を持った新しい帝国主義の時代に入った場合の覚悟を持てるかどうかです。そのとき私たちも、世界全体を破滅させる能力を持つことになります。その責任に耐える覚悟を持たなくてはなりません。

そういう「究極のカード」を持つなかで、人類はどうやって生き残っていくか——これを考えるのが、私たちに課せられた使命だと思います。だからこそ、核の帝国主義時代を迎えるまえに、国家情報戦略の重要性がいっそう声高に叫ばれなければならないのです。

あとがきに代えて——韓国の実戦ノウハウを日本に

韓国から見れば、歴史的に、日本という国はサムライの国としていつも武力で隣国を侵略する「武士の国」だという認識を持っています。

小さい島国にもかかわらず、豊臣秀吉《とよとみひでよし》の朝鮮出兵を始め、日清戦争や日露戦争で大国を破り、朝鮮半島や中国大陸はもとより、インドシナや南洋の島々まで進出しました。ハワイのパールハーバーを奇襲攻撃してアメリカという大国と戦争を行ったことも、軍事強国としてのイメージを強めています。

結局、軍国主義が一人歩きして、有利な講和条約を結べないまま敗戦を迎えましたが、それでも終戦後わずか二〇年あまりで経済大国に成長するような底力を持った国であることも、韓国では衆目《しゅうもく》の一致するところです。国際社会でも同様なイメージを持たれているはずです。

ところが、私が二〇〇〇年に来日して驚いたのは、従来から認識していた日本と現在の日本がまったく別物だという事実です。かつての軍事大国として、あるいは現在は経済大国として、自分の国はすばらしい国だという矜持《きょうじ》が日本人のなかにあるようには感じられませんでした。国民のプライドも、まったく見えなかったのです。やはり、国民の自信に裏打ちされた真の国力というものは、経済力だけでは醸成されないのかもしれません。アメリカとの戦争に敗れたショックが、これほどにも大きなダメージとなって、国全体に広まっていたのでしょう。

ただ、国際関係が新たな秩序に再編される時期を迎えたいま、日本は自信喪失の殻から抜けだし、長期国家戦略を整えていかなければなりません。

東アジア地域では北朝鮮が核武装を加速させるなか、中東地域でもイランが核武装を推進しようとしています。将来的に、両地域における核武装が現実化したときには、世界中で核のドミノ現象が起こるでしょう。本書でとりあげた「核の帝国主義時代」のスタートです。そうなる前に日本も、韓国同様、国家の生存を左右する戦略的な選択をしなければならない――こうした緊急事態はすぐそこまで迫っているのです。

では、将来、「核の帝国主義時代」が訪れる前の段階で、日本が取るべき国家戦略とは何でしょうか。それは、かねて佐藤優氏が唱えておられるように、本格的なインテリジェンス機関を設立することなのです。すばらしい経済大国としての国家の品格を維持するために、日本は、かつての軍事大国に逆戻りするのではなく、インテリジェンス大国になるべきでしょう。

日本人は昔からインテリジェンス感覚に優れたＤＮＡを備えています。世界最小のカメラを開発し、あるいは世界で最初に内視鏡を発明するなど、情報センスやインテリジェンス的な発想の面でも優れた遺伝子を持っています。

日露戦争のとき、ロシア駐在の武官明石元二郎大佐は、レーニンを中心とした反政府勢力に武装蜂起資金を提供するなど、数々の煽動工作を行いました。これによってロシア軍の満州進出に歯止めをかけ、日露戦争での勝利に貢献すると同時に、一九一七年のロシア革命を誘発させた事実を見れば、誰もが納得するでしょう。またこれは、一人の情報員が国家の運命を左右する大きな役割を果たした証でもあります。あるいは、陸軍中野学校という究極の情報機関は、戦後、北朝鮮の工作機関の手本ともなりました。

また、現在、全世界を舞台に国際ビジネスを展開している日本の総合商社のグローバル・ネットワークは、アメリカのＣＩＡを上回る情報組織といえます。

こうして見ると、日本が本格的なインテリジェンス機関を立ち上げようと真剣に力を入れたとき、CIAを凌駕する世界第一の情報機関に飛躍する可能性は大きいと思います。国際社会において、経済大国、あるいは技術大国というクリーンなイメージを崩さないまま、日本の国益と安全保障を保つためには、これが最良の選択肢だと思います。

さて、インテリジェンス機関の設立に当たっては、参考手本となるものに、アメリカのCIAとイギリスのMI6、およびイスラエルのモサドがありますが、まずは韓国の情報機関を手本にすべきだと思います。朝鮮戦争以降、北朝鮮などの敵との目に見えない情報戦争で多大な成果を挙げた韓国の現場経験と実戦ノウハウには、同じ東アジア人である日本人が学びやすい点が多々あるでしょう。それに加えて、日本の情報センスと技術力がプラスされれば、情報分野のシナジー効果が発生すると確信します。

高　永喆

ただ、衛星と偵察機による映像情報と通信傍受分野では、アメリカを凌駕できる国はありません。そこで、アメリカ、韓国、日本が情報交流レベルをアップし、よりいっそうの協力関係を構築すべきなのです。

アメリカのアルビン・トフラーが、名著『パワーシフト』のなかで予測したとおり、現代は知識や情報こそが力となり、権力であるという事実を実感します。そして、「戦わずして勝つ」ための近道は、目に見えない情報戦争で勝ち抜くことだという歴史上の教訓も忘れてはいけません。

二〇〇七年七月

高《コウ》　永喆《ヨンチョル》

佐藤 優

1960年、埼玉県に生まれる。1985年、同志社大学大学院神学研究科修了の後、外務省入省。在イギリス日本国大使館、在ロシア連邦日本国大使館に勤務した後、1995年より外務省国際情報局分析第1課に勤務。2002年5月に背任容疑で、同年7月に偽計業務妨害容疑で逮捕され、現在、起訴休職中(元主任分析官)。著書には『国家の罠』『自壊する帝国』(以上、新潮社)、鈴木宗男氏との共著『北方領土「特命交渉」』(講談社)などがある。『自壊する帝国』で「新潮ドキュメント賞」と「大宅壮一ノンフィクション賞」を受賞。

高 永喆

1953年、韓国全羅南道に生まれる。元韓国海軍少佐。海軍士官学校、海軍大学(指揮参謀正規)、韓国朝鮮大学を卒業。艦隊高速艇隊長、海軍航空団人事課長、済州道地域司令部情報参謀、海軍士官学校教官等を歴任。艦隊高速艇隊長時代には、北朝鮮の特殊船を撃沈。1989年からは、国防省海外情報部日本担当官、北朝鮮担当官を務める。1993年、金泳三政権の軍部粛清により、全斗煥、盧泰愚の元大統領らとともに禁固刑に処され除隊。著書には『北朝鮮特殊部隊　白頭山《ペクトサン》3号作戦』(講談社)がある。

講談社+α《プラスアルファ》新書 **355-1 C**

国《こつ》家《か》情報《じようほう》戦略《せんりやく》

佐藤《さとう》 優《まさる》 ©Sato Masaru 2007
高《コウ》 永喆《ヨンチヨル》 ©Koh Young Choul 2007

2007年7月20日第1刷発行

発行者―――― **野間佐和子**

発行所―――― **株式会社 講談社**
東京都文京区音羽2-12-21 〒112-8001
電話 出版部(03)5395-3529
販売部(03)5395-5817
業務部(03)5395-3615

カバー写真―――― **渡部純一**

デザイン―――― **鈴木成一デザイン室**

カバー印刷―――― **共同印刷株式会社**

印刷―――― **慶昌堂印刷株式会社**

製本―――― **株式会社若林製本工場**

落丁本・乱丁本は購入書店名を明記のうえ、小社業務部あてにお送りください。

送料は小社負担にてお取り替えします。

なお、この本の内容についてのお問い合わせは生活文化第二出版部あてにお願いいたします。

Printed in Japan ISBN978-4-06-272445-6　定価はカバーに表示してあります。

講談社＋α新書

男と女でこんなに違う生活習慣病　太田博明
男性の延長線上にあった女性の治療法が、最先端医療で性差が明確に!!　肥満の意味も違う!!
800円 291-1 B

あらすじでわかる中国古典「超」入門　川合章子
『西遊記』や『史記』『紅楼夢』、漢詩からゲーム世界まで概観。これ一冊で中国知ったかぶり!!
838円 292-1 C

最強のコーチング　清宮克幸
ビジネスマン必読！　早稲田ラグビーを無敵にした指導力の秘密。五年間の改革の集大成を！
800円 293-1 C

やわらか頭「江戸脳」をつくる和算ドリル　高橋誠　金谷俊秀
江戸時代の大ベストセラー『塵劫記《じんこうき》』から、パズルと○○算と江戸雑学で脳力フィットネス!!
838円 294-1 A

ブログ進化論　なぜ人は日記を晒《さら》すのか　岡部敬史
開設者700万人目前。なぜ人気？ なぜ無料？ そろそろ知らないとヤバイ、傍観者必読の一冊！
800円 295-1 C

古代遺跡をめぐる18の旅　関裕二
遺跡のちょっとした知識があれば旅の楽しみは倍加！　歴史作家が案内する特選古代史の旅
800円 296-1 C

「死の宣告」からの生還　実録・がんサバイバー　岡本裕
余命わずかと告知されてからも逞しく生き続けるがん患者たちに学ぶ、本当に必要な治療法！
838円 297-1 B

日本人には思いつかない「居酒屋英語」発想法　ジェフ・ギャリソン　松本薫 編集
「エクスキューズ・ミー」なんかいらない！　異色のガイジン教授が贈る「無礼講」英会話術
800円 298-1 C

バスで旅を創る！　路線・車両・絶景ポイントを徹底ガイド　加藤佳一
鉄道の終着駅から〝その先を歩く旅〟は、バスでしかできない醍醐味だ。私は「絶対バス主義」!!
838円 299-1 D

至福の長距離バス・自由自在　マイカーを捨てスローな旅に出よう　加藤佳一
家族ごと、仲間ごと、長距離バスに乗り目覚めれば異邦人!!　車窓の景色はワイド画面の展開
800円 299-2 D

最後の幕閣　徳川家に伝わる47人の真実　徳川宗英
一家に一冊!!　お国自慢の士《サムライ》の本当の実績は!?　幕府側の視点で、明治維新を徹底的に再検証!!
876円 300-1 C

表示価格はすべて本体価格（税別）です。本体価格は変更することがあります